森林カメラ

美しい森といのちの物語

Ryo Kohsaka
香坂　玲

Wild gaze : Imagery and myths from forests

アサヒビール株式会社発行■清水弘文堂書房編集発売

森林カメラ

目次

美しい森といのちの物語

Wild Gaze : Imagery and myths from forests

Ryo Kohsaka

森と木を活かした「グリーン・エコノミー」　出井伸之 8

S T A F F

PRODUCER 礒貝 浩・礒貝日月（清水弘文堂書房）
DIRECTOR あん・まくどなるど（国連大学高等研究所いしかわ・かなざわオペレーティングユニット所長）
CHIEF IN EDITOR & ART DIRECTOR 二葉幾久
DTP EDITORIAL STAFF 中里修作
PROOF READER 石原 実
COVER DESIGNERS 石岡実成　黄木啓光・森本恵理子（裏面ロゴ）
STAFF 山田典子　菊地園子
SPECIAL THANKS 阿部健一　窪田 暁　深澤雅子

□

アサヒビール株式会社「アサヒ・エコ・ブックス」総括担当者 殿塚宜弘（取締役兼執行役員）
アサヒビール株式会社「アサヒ・エコ・ブックス」担当責任者 友野宏章（社会環境推進部部長）
アサヒビール株式会社「アサヒ・エコ・ブックス」担当者　高橋 透（社会環境推進部）

ASAHI ECO BOOKS 31

森林カメラ

美しい森といのちの物語

香坂　玲

アサヒビール株式会社発行□清水弘文堂書房発売

森と木を活かした「グリーン・エコノミー」で次世代に「美しい森林」を引き継ごう

美しい森林づくり全国推進会議代表
出井 伸之

日本では、戦中や戦後復興期にかけて森林の過剰な伐採が進みましたが、その後の数十年にわたる国土緑化運動の成果で森林は増え、成熟しています。飛行機から見る森を他国と比べると、日本は恵まれた森林国であることを実感でき、あらためて日本の森が持つ美しさや豊かさを認識することができます。

日本の森林の大半は、古来から人が手を入れてきたものですが、未来に向かって永続的に活用していくためには、計画的に森林の成長量に見合って伐採し、再び木を植えて、育てるという森林づくりの循環を継続していくことが不可欠です。森林は、そのような繰り返しを続けることによってはじめて活力が生まれ、CO_2の吸収だけでなく、多様な生きものの生息地を提供するなどのさまざまな恵みを持続的にもたらす豊かな資源になるものと考えています。

２０１０年の「国際生物多様性年」には、10月に我が国で「生物多様性条約第10回締約国会議」（COP10）が開催され、国内でも日本経済団体連合会、日本商工会議所及び経済同友会が「生物多様性民間参画パートナーシップ」を発足するなど、生物多様性と経済の調和に向けた取り組みが広がりはじめています。また、COP10で日本政府は、日本が古くから有していた自然共生の智慧と伝統を現代社会において再興し、発展させて活用する「SATOYAMAイニシアティブ」を世界に提唱しました。

このようななかで、国連は２０１１年を「国際森林年」と定め、世界の森林の持続可能な経営、保全及び持続可能な利用に向けた取り組みを呼びかけています。日本国内においても、「国際森林年国内委員会」が立ち上げられ、さまざまな分野・セクターとのパートナーシップを強化することにより、多様な取り組みが行なわれています。

世界各地の「美しい森林」の背景には、森林と共生する地域の産業や人びとの生活習慣といった営みが息づいていますが、本書は、そうした諸外国の豊富な事例を、実に多様な切り口から紹介しています。特に、企業が生物多様性とビジネスを融和する際にヒントとなる、地域社会への貢献、情報開示などのCSR、ソーシャル・ビジネスなど、さまざまな領域で示唆に富んだ事例が紹介されています。また、言葉だけでなく図やイラストを用いた多様な環境コミュニケーション手法を活用した事例も紹介されており、それらから多くのことを学ぶことができることでしょう。日本は資源がない国といわれますが、世界にもまれにみる豊かな森林資源があり、水もあり、多様な生きものが生息し、無駄のないエネルギーの提供にも貢献します。そして、日本人は木とともに暮らしてきて、木の良さを十分知っており、さらに全国各地で地域の木を使った商品づくりに励む人びとも多くみられます。

２０１１年の「国際森林年」に続く２０１２年には「地球サミット（リオ＋20）」が開催されますが、その主要テーマが「グリーン・エコノミー」とされていることから、生物多様性と経済を調和させる取り組みは、今後ますます要望が高まることでしょう。本書の豊富な事例をヒントに、「国際森林年」「国連生物多様性の10年」のキックオフの２０１１年に、セクターや分野を超えた新たなパートナーシップにより、森と木を活かした新たな「グリーン・エコノミー」が生み出され、日本と世界の「美しい森林」を育む取り組みが拡がっていくことを期待しています。

はじめに

森に対するイメージは、生い立ちや経験などによって人さまざまであろう。だが、一方で、森には歴史的に醸成されていった象徴的な意味、シンボルの意味がある。

ヨーロッパでは、概して、森は既存の秩序、体制の埒外、あるいは対抗する場として位置づけられている。分かりやすくたとえると、領主などの支配者に対抗するロビン・フッドのようなアウトローの住処といった位置づけである。すなわち、森は、入り込むと外の価値感が反転する場所とされているようだ。なお、古代神話からグリム童話までさまざまな文学における森の意味を読み解いたロバート・P・ハリソンという文学者は、森を「ヨーロッパ文明の影」と称している。

また、ヨーロッパの童話に登場する森は、「ヘンゼルとグレーテル」のように、人が迷い、不安になる場所の象徴となっていたり、「白雪姫」のように、安全な隠れ場所の象徴になっていたりするが、共通して魔女あるいは妖精といった想像上の存在がよく登場する。キリスト教以前の世界であれば、病気に効く樫の木が存在する場所として崇拝の対象となっていた。つまり、森は現実から隔絶した世界として描かれている。

日本でも、歴史的に、森は人手が入る里地や里山の奥の、非日常の場所であり、「神隠し」という言葉もあるが、森を人智の及ばない場所として、畏敬の念をもって接してきた。現代では、大ヒットしたアニメ映画「となりのトトロ」などに見られるように、子どもだけが入れる不思議な空間としての森も存在する。

ただ森は、牧歌的とか空想的な世界のシンボルとして童話や伝説のなかに登場するにとどまらず、現実の戦争や政治にもたびたび登場する。古くは、ゲルマン諸部族がローマ帝国の軍を破った「トイトブルク森の戦い」はドイツ民族主義の誇りの象徴となり、跡地には巨大な記念碑が建っている。また、ナチスも「永遠の森」というプロパガンダ映画を作成している。近年では、熱帯雨林が伐採される映像は、1980年代の環境運動のなかで、多くの人びとが環境問題に関心を持つようになる触媒的な役割を果たした。現在でも、国連、多国籍企業、行政が、森にあやかって世界の人びとの生活や豊かさを育んでいるイメージを打ち出そうと、こぞって森をシンボルとして登場させている。時代も立場も異なるが、実にさまざまな集団が「我こそは」といわんばかりに、巧みに森をシンボルとして取り込み、実際には自らの主張を繰り広げようとしてきた。

このように森は、現実社会とは一線を画した世界の象徴であると同時に、現実の世界の争いと政治でもさまざまな場面でシンボルの役割を担ってきた。一方で、今日では、森林の喪失による気候変動や生物多様性の損失などが大きな政治テーマになり、「美しい森と生きもののいる風景」の存続が危ぶまれている。そこで、本書では、「美しい森と生きもののいる風景」とは何なのかを探り、森林環境、生物多様性、それを取り巻く人間の文化や活動について、シンボルとしての森を旅しながら、さまざまな角度から考えていく。つまり、本書は、森を題材にした小さな旅行案内の書ともいえる。

気候変動と森といった今日的なテーマであっても、よく目を凝らして見ると、そのシンボルには宗教や歴史に由来する多くの絵やモチーフが精巧にはめ込まれていることが分かる。過去には「美しい森と生きもののいる風景」がどのように語られ、そしてこれからどのように次世代、次々世代へと語り継がれていこうとしているのか、見ていこう。

Ⅰ　美しい森

美しい森とは

美しい森林づくり　―美はパーツから構成されるのか―

地球温暖化や生物多様性の問題とも関連してか、昨今、「美しい森づくり」への関心が高まりを見せているが、実は日本における「美しい森」の探求の歴史は意外と古い。早くも1918年には、札幌農学校（現在の北海道大学）の初代林学教授となった新島善直が高弟の村山醸造とともに著した『森林美学』という600頁を超える大著が刊行されている。そもそも日本の森林に関わる学問の多くは、ドイツにそのルーツがあり、新島もドイツで林学を学んでいる。そのドイツ留学中、林学者ハインリッヒ・フォン・ザリッシュが提唱した森林美学（注1）という考えに強い感化を受けた新島が、その考えを基盤としながらも、独自の視点で日本の森林美観を考察したこの本は、当時のベストセラーとなり、1991年には復刻版も出版された。

この歴史的な書籍では、「美の形式」（6章3節）として、森林の手入れの仕方、植える樹種などによって色彩やパターンといった構成するパーツや要素が出来上がり、その構成要素によって全体の美しさがつくられていくという考え方が示されている。心理学、数学的な比率など、現代風にいうとさまざまな領域の理論を用いた学際的なアプローチが多用され、「美は共通して科学的に説明ができる」という信念が読み込める記述も多い。

このように歴史的な議論では、人間が刺激に対して示す反応、樹種の割合やパターンなどの森林の特色、さらには森林の管理法やそのノウハウから、森の美観を説明する傾向が強い。その後の研究では、二種類の樹木の比較、あるいは部分的な景観やそれを構成するパーツごとに好き嫌いを問う聞き取り調査などが数多く行なわれているが、それは歴史的な議論の流れに沿ったものといえよう。

一方で、「何が美しい森なのだろう」と仮説を立て、聞き取り調査などさまざまな角度からデータを集め、検証する科学的なアプローチも行なわれ、それが種々の発見を生み出してきた。また、聞き取り調査を行なうことにより、地域住民や一般市民がデータ提供者として参加できたことは、専門家以外の人びとの認識が醸成されるのに貢献した。住民にしてみると、自分達の意見が森林を管理していく上でインプットされるということは、専門家に任せるだけではなく自分たちも参画したという意識が生まれ、森林や風景をどうしていきたいかに関心を持つようになる。

こうした流れの背景には、森林施業のみならず全般的にいえることだが、国や専門家が主導する、トップ・ダウンともいえるやり方から、ボトムアップで地域や幅広い層に参加してもらうというやり方に変わってきた経緯がある。特に景観については、一般の人びとや地域住民の好みについての研究が盛んに行なわれてきた。そもそも、美しいと感じるかどうかは主観の問題であり、分析などによってすべて解明するというのも無理があろう。しかも、文化的な背景や時代の移り変わりに大きく左右される部分もあれば、同じ集団のなかでも、性別や年齢、住んでいる場所、社会的立場、あるいは個人の嗜好によって、感じ方が大きく異なる場合も多々ある。また、『森林美学』などの歴史的な文献でも、現代に当てはまる部分もあれば、通用しない部分もあろう。とりわけ人びとの反応や心理についての記述は変わってきている可能性が高い。

一般の人びとも答えた科学や統計的な知見を参考にしながらも、「美しい森とは」という答えのないテーマについて、どのように合意を形成し政策を実施していくのか、古くて新しい模索が続いている。

注1　ハインリッヒ・フォン・ザリッシュの著作『フォレスト・エステティーク（森林美学）』が１８８５年に出版されている。

誰にとっての美しい森？

「どのような森林が美しいのか」については、聞き取り調査の他にも科学的なアプローチから盛んに探求されてきた。対象となる樹種、風景、季節の変化について、写真や（立体）映像を見せたり、実際に場所を歩いてもらって、血圧や唾液を測定し、身体的な変化のデータを調査するなど、考えられるさまざまな角度から検証が行なわれてきた。

一方で、受け手側である見る人の特質や属性によって、どのような違いがあるのかについても探求されてきた。いいかえると、「美観」が「誰にとっての美観なのか」ということが議論になり、性別、年齢にはじまり、都市住民と地域住民、車を運転している人とそうではない人といったさまざまなカテゴリーに分けて比較するなど、種々の検証が行なわれてきた。

図１　移民系の住民が遊ぶパリ・ブローニュの森

違いが生じる原因についても議論が盛んだ。暗闇を直感的に怖がる女性のほうが往々にして季節感が敏感であるなど、人類の進化に関係しているのではなかろうか。あるいは、文化的背景から好みの違いが生まれるのではないかなど、さまざまな可能性が探求されてきた。

その一つとして、フランス人、ドイツ人、日本人といった国民別の比較が行なわれてきたが、最近になって、そもそも、各国民の集団を一つのカテゴリーとして議論できるのかといった問題提起がなされ、論点の一つとなっている。つまり、かつては「あの国の国民はこのような風景を好む傾向がある」ということが分析されてきたが、現在では世界各地で多様な人種、文化、宗教が交じり合って都市を構成していることから、単純なフランス人と日本人の違いといった議論が難しくなっているのだ。

特に北欧を含む欧州では、都市の人口の１割程度が宗教や文化的背景が異なる移民である都市も珍しくなくなってきており、その存在は無視し難い。そのため、例えばイスラムなど宗教の異なる集団が都市部で増えていくのであれば、風景へのまなざしはどのように異なるのだろうかといったことが、共存していくうえで一つのポイントとして、調査が進められてきている。そうした調査から、すでに、緑地や「原始の自然」に対する感じ方が異なることが示されている。ただし、差異を強調することに移民を一般国民とは離れた特別な集団とする政治的な意図が働いていることもあるので、注意が必要だ。その一方で、休日の過ごし方として、経済的ゆとりのある層は郊外に出かけて行くことができるのに対して、あまりゆとりがない移民の層は都市部に残って公園などで過ごすことが多いことも判明している。

このように風景の受け手が画一的ではないことを背景に、都市部の森林（都市林）を中心に、「誰にとって美しい森」なのかといったことが盛んに議論されている。日本では、景観や自然についてのものに限らず、アンケート調査の結果は「日本人からの答え」という想定が当然となっているが、海外の都市部では必ずしもそうではなくなっている現実に目を向けることも、今後は大事となってきそうだ。

美しい森のアンケート調査

森林の美しさや好みを科学的に評価しようと、アンケートや聞き取り調査など、さまざまな形でデータの蒐集が行なわれている。調査を行なうにあたっては、評価に参加してもらう人の人選や手法に幾つかのパターンがあるが、大別すると、無作為型と限定型の二通りとなろう。

まず無作為型というのは、一般市民あるいはコミュニティ全体を対象に行なうパターンである。世論調査で見られるような電話番号などでランダムに選ぶ抽出方式も、この部類に入る。最近では、森林を訪れる観光客を対象として行なうものもあるが、その場合は、その場所の利用者というフィルターがかかっているので完全にランダムではなくなる。また、長時間を要する調査であるとか、データを効率よく集めようとすると、学生アルバイトなどを集めて評価をしてもらうパターンもある。とりわけ米国では、実験データだけでなく、新製品開発のマーケティングなど商業分野では頻繁に用いられる手法である。

もう一方の限定型には、地元に住んでいる人びと、いわゆる地域住民に参加してもらうものがある。このパターンでは、一口に地域住民といっても、性別、年齢、居住歴、森林所有の有無などによって評価に違いがあるのか、あるとすればどのような点かなど、さまざまな角度から検証が行なわれ、どのような要素が影響を与え、どのような違いが生じるのかについて議論される。

このパターンの応用として、地域住民と関係者に参加してもらう手法も出てきた。この応用パターンでは、これから実施を予定している計画について、景観の写真やデータによる評価に加え、話し合いの場を設けて意見を表明してもらうケースが多い。熱心な議論が期待できる半面、どのグループに属する住民の意見なのか、その代表性などの要素を勘案する必要がある。

どのパターンを用いたか、どういう人びとを対象に調査を行なったかによって、調査結果が異なってくる可能性は高い。調査結果を鵜呑みにした評価ではなく、例えば、その場所に関わっている度合いによって評価に変化をつけていくといった判断も重要となるのではないか、といったことが議論されてきている。

アンケートの取り方や技術的な側面からは、調査でどこまでリアルな反応や景観を再現できるのかといった侃侃諤諤の議論が続いており、さまざまな方法が模索されている。写真ではなく、匂いなどを再現できる3D画像で脳の反応をみるという最新の科学を駆使したものもあれば、昔ながらの写真を使いながらも投票はインターネットでという新旧折衷型、あるいは市民に自由に写真をとってもらって地図上に落とせないかといった実験的なアプローチなどが試みられている。

こうした科学のサイドでも、アンケートや聞き取りの対象である市民の捉え方が、かつては単純に反応を試す対象、塊のマスにすぎなかったのが、次第に、能動的で、自ら情報を提供したり、策定に携わる主体というように、時間の経過とともに変化している点が興味深い。

また、森林や景観だけの話ではなくなるが、住民主体の取り組みを実践できる範囲についても議論が広がっている。議論を重ねながら住民にも参加してもらうやり方は、通常は市町村のレベルである。しかし、千葉県では、堂本前知事の主導で、地域での集会を丁寧に積み重ねて、生物多様性戦略などを策定した実績がある。都道府県レベル、それも人口がかなり多い千葉県で実践されたこともあり、「千葉方式」として全国から注目されている。もちろん、すべての項目で実践できるわけではないという指摘があるように、嗜好や意見がはっきりと分かれたり、利害がぶつかってしまう問題、例えば自然保護区や風力発電用の風車の設置といった問題では、まとまらなくなってしまうリスクもある。試行錯誤は続きそうだが、新しい可能性に向けた前向きの検討が期待される。

国内外の事例と議論

海外①　フィンランドの森

図2　森林所有者への環境省・農林省の職員による現地説明の様子（フィンランド・イボ）

森林に別荘を持ち、週末や夏の休暇はそこで静かに過ごす。釣り、キノコ狩り、山菜採りの後にサウナを楽しむ。フィンランドでは、それが特段のお金持ちのものというより、かなり一般的な余暇の過ごし方となっている。統計では５人に１人が森林所有者、日本でいう「山持ち」ということになる。とりわけ南部の比較的暖かく、絶滅危惧種も含めた生物が豊かな森林では、一般の人びとが所有している面積の比率が高い。それは環境面で何をするにも所有者の協力が不可欠ということであり、フィンランドの環境を考える上で、大きな鍵となっている。

フィンランドは国土のちょうど三分の二（約

66%）が森林で覆われている。ちなみに、日本も森林で覆われている面積の比率は高いが、日本は都市部ばかりと考えている欧米人が意外に多く、半信半疑の人には「フィンランドとほぼ同じ」とたとえて理解してもらっている。

別荘では余暇を過ごすだけでなく、周囲の土地で木材を刈りとって、ちょっとした副収入源にするケースも多い。定期預金のような形で、何年後にどれだけ伐採して副収入を得るかという計画を立てている人も少なくない。ただし最近は、木材の伐採とは逆に、放っておくことを約束することで収入につながる仕組みもできている。例えば草地、牧草地、落葉樹や広葉樹の森林と、広域的なつながりの観点から重要と認定された9つのタイプの生態系であれば、環境省に貸し出し、そのまま放置しておくと、収入になる。具体的には、環境省と20年間の賃貸契約を結ぶと、地価や立木の価値、利率などを考慮して賃貸料が支払われる。重要性が高ければ、国に売却することも選択できる。農林省も、環境省より狭い単位で、泉、ハーブの多い森、渓谷などを10年間借り上げる同様の制度がある。環境省と農林省の補助や借り上げの契約は、互いに補完的になるように工夫されている。

さて、筆者はフィンランドで最初の林学の学校が開設されたイボという街を訪問し、近隣の森林所有者への説明会に参加したことがある。その際、森林所有者にも十分な配慮がなされているように思えるこの制度によって、「生物多様性や地球温暖化への配慮と先祖への思い」で板挟みになる所有者がいることが分かった。説明会では、環境省と農林省の職員が共同で、現場を回りながら、補助金、生態系タイプについてのそれぞれの見解を示し、議論を交わした。泥炭地に差しかかったとき、大量の炭素が固定されていること、また希少種の生息域であることなどから、その保全や再生は気候変動や生物多様性に貢献できることが期待され、環境省も農地や林地を湿地に戻すことを奨励していることが職員側から説明された。しかし、森林所有者の側としては、理屈では分かっても、感情的にわだかまりがないわけではなかった。もともとフィンランドは国土の三分の一が泥炭地であり、排水によって農地や森林を拡大してきた歴史的経緯がある。いいかえると、寒く森林の成長も遅い土地で、湿地を乾かして何とか森林や農地をつくってきた先祖代々への思いがある。「祖先の苦労を思うと、急に気候変動や生物多様性のために農地や林地を湿地に戻せといわれても戸惑う」という森林所有者の言葉が印象的であった。

農林省や環境省の借り上げ制度や湿地に戻す補助は、あくまでも自主的な取り組みであり、行政による規制や強制ではない。これは、過去への反省によるものである。すなわち、欧州の生物多様性を保全するために設けられたＥＵ規模の自然保護区のネットワークであるナチューラ２０００において、ＥＵレベルからの保護域指定等の通知が、森林所有者にしてみると、突然のトップダウンの決定に受け止められ、反感を生んだケースがあったことへの反省である。

フィンランドでは北部の森林の多くが国有のため、生態的に重要な区域は保護区に指定すれば事態は進展する。だが、南部は72％が私有林であることから、国がトップダウンで指定すれば済む話ではない。しかも、絶滅危惧種のほとんどが南部に集中している。そのことからも、生物多様性の保全に向けては、森林所有者の自主的な協力が欠かせない。木材による副収入か、あるいは契約を結んで貸し出すかといった経済的な選択肢に加え、先祖への思いと地球環境への配慮で揺れる森林所有者の感情への配慮も欠かせない。

海外② コルクの国の森

筆者が留学したドイツのフライブルクは、フランスともスイスとも国境が近く、交換留学が盛んであった。そんな土地柄か、フランスの国境近くの街、ナンシーにある学校と一年ごとに交互に講義を開催するちょっと変わった制度があり、筆者はドイツ人学生とともにナンシーから来た学生と一緒に講義を受ける機会を得た。ナンシーからきた学生は、実態は定かではないが、給料が出ているとの噂もあり、どことなくゆったりと生活している印象を受けた。一方のドイツの学生は、アルバイトをして生活費を稼ぎながら通学するのが当たり前となっており、両校の学生は言葉だけでなく、雰囲気も少し違うようだった。

講義では、両国の学生がそれぞれ自国の林業について発表するセッションがあった。そのなかで印象に残ったのは、フランスの林業とワインのつながりの深さだ。ナンシーの学生の発表には、コルクの材料になるコルクガシや樽の材料となるヨーロピアンオークなど、ワインと関連した広葉樹の話が多くでてきた。当時、ドイツで受けていた講義が針葉樹中心であった筆者にしてみると、広葉樹の話にも、お酒と森林を結びつける考えにも、かなり目新しさを感じた。そういえば、確かに、ドイツとフランスの景観の違いについて、針葉樹と広葉樹の比率などを比較して論じられることは多い。例えば、フライブルクでも客員教授を務め、森林に関する著書も多い北村昌美氏は、ライン河畔で見られる両国の景観の違いを、針葉樹を中心としたものと広葉樹を中心としたものとの違いとして描写している。また、その風景の違いだけでなく、フランスなどのワインやブランデーを生産してきた国と、ドイツのようにビールを中心とする（南部では白ワインも生産するが）国では、森や木材の使い方も違ってくるのは道理といえよう。

ただ、ビールと広葉樹はまったく縁がないということでもないようだ。アサヒビールが広島県に所有する「アサヒの森」には、あまり土壌が豊かではない場所でも育ち、里山の木として知られる広葉樹のアベマキの天然林があるのだが、実は、この森は第二次大戦中に、戦況によって貿易が途絶えてもビール瓶のフタのコルクをそのアベマキを使って自国内で生産できるようにと、アサヒビールの前身であった会社が取得したものであった。結果的に、コルクの生産は行なわれず、２０１１年に70周年を迎えたこの森は、環境教育や環境保全に重点を移し、現在、水源涵養保安林に指定されるなど環境保全に重要な役割を果たしつつ、森林環境に関する教育や情報発信の場として活用されている。

図３　当初はコルクの生産が予定されていた「アサヒの森」のアベマキ（広島県）

森林の本来のスケールで測れば、50年、１００年というのは、わずかな時間であるのかもしれないが、人間の営みや歴史は大きく様変わりし、その影響は森林にも及んでいるようだ。

海外③　産業遺産は醜いアヒルの子？

ドイツのルール地方というと、歴史的には坑夫の町、古くから気性の荒い男っぽい土地柄で知られており、現在でもドルトムントなど勇猛果敢で知られるサッカーチームやその熱烈なファンの密集地帯である。そのルール地方に、ユネスコ登録の世界遺産がある。雄大な自然とも、文化の薫りとも縁遠いように思える場所に、どのような世界遺産があるのか？　その答えとなるのが、産業遺産と呼ばれるものだ。ユネスコの世界遺産には自然遺産、文化遺産、その両者の複合遺産がよく知られているが、文化遺産のなかには、産業遺産も含まれている。産業遺産とは、ある時代にその地域に根づいていた産業の姿を伝える遺物や遺跡と定義されているが、ルール地方有数の工業都市であるエッセンのツォルフェアアイン炭鉱と工場の跡地が産業遺産として、２００１年にユネスコの世界遺産に登録されたのだ。

ドイツといえば、生産性や技術における旧東西ドイツの格差が話題となるが、全般的に優勢かにみえる旧西ドイツ内部でも、実は新たな格差が生じている。伝統的に西ドイツの産業力は、「北高南低」という構造であった。ところが、産業構造が大きく変化し、過去30年で、ＩＴ産業、自動車などを中心に、バイオ分野、自然エネルギー分野などで南部二州の躍進が目立つ一方で、かつて石炭、鉄鋼などの重工業地帯として栄え、ドイツの産業を牽引していたルール工業地帯に代表される、北部の産業地帯の凋落ぶりは激しい。産業力の低下は、治安の悪化や移民排斥といった住民間の摩擦を引き起こし、問題視されるようになった。

そのようななか、構造改革のシンボルとして、まずは見える景観の変革の必要が叫ばれ、工場跡地の再緑化や宅地化などの案が出てきた。また、炭鉱は土砂崩れや建物の老朽化による崩壊の危険性が指摘され、初期の議論では、爆破、宅地化、再緑化など施設の除去を前提とした議論が先行した。そこには、ドイツの林学や造園学では、炭鉱跡地をどのように再緑化するかについての研究が盛んに行なわれてきた背景もあった。

しかし、次第に工場の設備をそのまま有効活用しながら、緑化事業を進める方向へと変化してきた。例えばルール地方では、石炭や鉄鋼場の施設をそのまま、コンサートホールやプールとして大胆に再利用するなど、かつては石炭の貯蔵や高炉だった場所が、「カッコイイ」レクリエーションの場として復活している。石炭などを生産していた場所は、ブラウン（茶色）の場所と呼ばれることが多いが、それをグリーンにするという事業が進行中だ。

こうした廃業した鉱山を森林や緑地に転換する事業は、ドイツに限らず世界各国で進行している。（再）緑化事業は単純な環境事業という話ではなく、地域のブランドを左右する要素であり、各地域ともに熱心に取り組んでいる。特に炭鉱の街というと、どうしても時代遅れでさびれているというイメージが先行してしまうことから、衣替えによってイメージの刷新を図り、住民や訪問者を呼び込むことが急務となっている。ルール地方で２０００年に実施したイメージ調査では、地域内の住民の答えは炭鉱に次いで緑地が多かったが、地域外の人びとは炭鉱、コンクリート、工業の印象が強いという結果が出た。地域外に緑地の印象が伝わってないことに加え、地域の内外に大きなギャップがあることに市は危機感を強めた。

図4　ルール地方のイメージ刷新を謳う広告　Ⓒ KVR

そうしたことから、対外的なイメージの刷新を図ろうと、観光客向けのPRにも力を注いだ。PR用のポスターでは、棚田式の水田のまんなかに忽然と花壇が出現し、そこで花を植えている女性の上に、「ルール地方を訪ねたら、人生一変」というキャッチコピーが書かれている。「観光は雄大な美しい自然」という伝統的な狭い発想を転換させ、「パッと、炭鉱の町を観光地に」というルール地方の決意が、ユーモラスながらひしひしと感じられる。花を植えている女性も、観光地に行くかのような服装をしている。右下にはロゴと一緒に、「ルアポット（Ruhrpott）はいま熱い」といった意味のフレーズが書かれている。ちなみに、ルアポット（Ruhrpott）とは鉱山場をもじってつけたルール地方のニックネームで、そのポットという音に、温めるポットをかけたのだろう。

このポスターの狙いは、この地域にはこれまでの「炭鉱の街」というイメージを鮮やかに裏切るような新鮮な驚きがありますよ、ということを示すことにある。メリアンというドイツの伝統的な旅行ガイドブックの「ルール地方特集号」の裏表紙にもこのポスターが一面で掲載され、「構造改革」と「産業文化のルーツ」の新旧の両側面を訴える全国的なキャンペーンとなった。後に一連のキャンペーンに対するアンケートを実施したところ、地区外の半分程度の人びとが「革新的」「興味を起こす」など好意的な反応を示した。Image 2000 というルール地方の新しいイメージ・観光戦略を象徴的にあらわしている。

ただ、単純に緑化したり、景観やイメージを変えさえすればよいという問題ではない。風景は家族や友人の思いがつながる精神的な絆の場でもある。炭鉱にしても、一般的には美しいという印象はなくとも、幼い時から見ていれば郷愁を誘う風景となる。例えば、筑豊の炭鉱の町を舞台にした五木寛之の「青春の門」では冒頭に、炭鉱で働いていた父親の背なかから眺めた「ぼたやま」が親子の思い出話のかけがえのない風景として登場する。

実際に、ルール地方においても「長年、見慣れた風景がなくなってしまうのは寂しいので残してほしい」「自分たちの文化、労働文化の一環であったものを保存できないか」という要望が行政に対して寄せられ、それが既存の施設を有効活用していく方向に進む一つのきっかけになった。酸性雨の原因となった大気汚染など、炭鉱にまつわる苦い経験は記憶にあるものの、その一方で多くの人にとって炭鉱施設は職場であり、身近に接してきた思い出の場所でもあった。

石炭、鉄鋼など重工業などで栄えたかつての伝統は、現在では、ユネスコの文化遺産や地域の観光ルート指定地（「ライン炭鉱ルート」など）として保存され、地元でも観光資源という見方が定着し

図 5　精錬所を改造したプールの様子
Ⓒ RUHR.2010 GmbH

てきた。ただ、それまでの道のりは決して平坦ではなかった。経済的に隆盛を誇ったルール地方であるが、産業構造は徐々に時代遅れのものとなり、自然と経済活動の双方において、ドイツ国内でも他の地域に押され気味となっていった。それを挽回するにも、炭鉱や重工業でかつての勢いを取り戻すことは難しく、新産業への模索が続いた経緯がある。

そうした葛藤を経てルール地方がスタートさせた風景変革の一連のプロセスは、地元の視点を優先した典型である。住民の「重工業跡地を有効利用したい」という思いに共鳴する研究者や行政が動きはじめ、閉鎖された炭鉱や重工業関連施設を再利用するというプロジェクトがはじまり、現在も進行中である。大きなものとしては、エムシャーという地域を中心に、産業遺産を取り入れた風景のテーマパークが建設中である。20以上の市町村が参加し、長さは20km以上、面積にして436km²に及ぶ。敷地内では徒歩、自転車、電車など、種々の方法で行き来することが可能で、テーマも文化景観、産業景観、そしてポスト産業景観（あるいはポスト重工業景観）が混在する画期的な公園となる予定である。

ところで、自然遺産において、「保全地区として立ち入り禁止にするかどうか」など利用と保全の対立が議論の焦点となったように、産業遺産でも、形は異なるが、保存、利用、再利用などの緊張関係がある。すなわち、産業遺産としての価値、住民の視点、観光業にとってのメリットなどさまざまな利害や対立が内包されているのだ。産業・文化遺産や文化景観という言葉は、『時代を超えて残すべきもの』という側面ばかりが強調されがちだが、どの施設もそもそも人びとの生活の一部であり、ある時代に人びとが働いていた場所、あるいは実際に使用したり、行事に用いていた道具、建物から文化遺産も景観も生まれているという事実を見過ごしてはならない。

産業遺産の特色の一つは地域色であり、また歴史の負の側面も併せ持つことだ。共有される美という観念において、ユネスコの自然遺産や古典的な文化遺産とは対照的だ。地域住民独自の思い入れ、生活に即した歴史、住民の体温を感じさせる身近さが、産業遺産の魅力の一つである。そこでは「美」の普遍性と地域性、人工と自然の関係が局所的に逆転する。地域性が普遍となり、人工が自然に流れることがままある。

図6　観光客むけの冊子にあるプール
Ⓒ RUHR.2010 GmbH

ルール地方は「炭鉱跡地は醜く、緑化が綺麗」という発想をひっくり返し、炭鉱や鉱山の跡地を観光地として再利用するという、ある意味での奇策に打って出たわけだが、それは模索をしながらの大きな実験といえる。人工物を取り除いた緑の環境をすべての住民が望んでいるに違いないという計画者の思い込みは、時として大きな誤算となりうる。外から見れば、時代遅れであったり、お世辞にも綺麗とはいえない施設も、住民にとってはかけがえのない思い出の美景となり、それが外部の人びとの共感を呼び、観光資源となりえることをルール地方の事例は示している。

さて、日本はというと、産業遺産の議論は今一つ盛り上がりに欠ける。日本のユネスコ登録遺産の議論では、自然でも文化でもかなり古典的な色彩が濃いことが背景にある。自然はやや神秘化される傾向があり、文化財では合掌造り、寺院、お城など正統派の伝統に重きが置かれる。底流として、機械化や工業化とは対極にある近代化以前の建築物に焦点があてられるきらいがある。国内の有形文化財の登録についても、同様のことがいえる。

折りしも、文化遺産や文化景観を法律的な側面から新たに捉えなおす動きが活発になってきている。「観光立国」を掲げる政府、そして観光客を呼び込む地方自治体は、「美観」を維持・促進する努力の一方で、他のサービスと同様に顧客である訪問者が求めるものに素直に耳を傾ける必要がある。例えば、日本を訪れる外国人観光客から、「トヨタの工場が見たい」「かつての高度成長の様子を知りたい」という声も上がっているという報告がある。また、日本のシニアの間では「廃線跡をめぐる旅」などが人気を呼んでいる。ひょっとすると、需要が高いのは自然や文化よりも産業遺産である地域もあろう。実際、最近では「工場萌え」という言葉があるように、現役で稼働している工場や廃業した跡地にも魅力を感じる人は多い。

日本でも2007年に島根県の石見銀山遺跡が産業遺産として世界遺産に登録され、観光スポットとして注目されていることから、今後は産業遺産の議論が盛り上がることが期待される。産業遺産には狭義の古典にはない独特の魅力がある。ルール地方のように、生活者の視点を取り入れて工場や炭鉱の一部を「遺産」「文化景観」として、垢抜けていない施設のままで保存していくことを検討するのも方策だろう。かつての産業遺産を博物館で保存したり、他から土壌を空輸してまで鉱山や銅山を緑化している地方や公共事業もあるようだが、もとのままの雰囲気や施設を再現してこそ、観光業や教育で活用できる場合もあることを忘れてはならない。

（「環境会議」2005年秋号に掲載された原稿に加筆したものです）

海外④　メディア史から見た酸性雨

まず、倒れた木が写った一枚の写真を見てみよう（図7）。この写真は、ドイツの旅行雑誌『メリアン』が「フライブルク特集号」（1986年7月）において、「メルヘンの森での死」というおどろおどろしい題名で、酸性雨による森林被害を取り上げた記事に掲載されたものである。森林への被害を伝えようと、病気、汚染、死という文字が並び、旅行雑誌としては異例のものとなっている。また、当時は、森林被害を訴える目的で、枯れた樹木のアップ写真が多用された（図8）。

2002年のドイツ鉄道の「国立公園へ行こう」というキャンペーンにも、倒木は登場する（図9）。同じ倒木であっても、先の写真とは発信しているメッセージも、使われている文脈もまったく異なる。

図7　旅行雑誌が伝えた酸性雨によるフライブルクの森林の死　Ⓒ Merian

バイエルン州の国立公園で撮影されたこの写真では、倒木は美しい風景の一部として表現され、はるか昔から、このような風景を慈しんできたような錯覚さえ起こしそうだ。しかし、実際に倒木が美景やレクリエーションの領域に入ってきたのは、酸性雨の議論以降である。当初は、倒木を放置することに関して、害虫の発生、景観に不似合い、遊び場としての危険性などから異論もあり、必ずしも一枚岩ではなかった。しかし、バイエルン州は「自然に近い林業」の一環として、倒木・枯死木を林地に残すことを積極的に推進するようになった。

15年ほどの歳月で、「酸性雨による殉教死」から「国立公園の美しいスター」となった倒木。二枚の写真は、時代による認識の相違を明確にあらわし、環境問題に関わる人間の移り身の早さも象徴している。

さて、「森林の死」という劇的な呼び名で

図８　酸性雨被害の樹木のアップ：当時の危機感が伝わってくる
Ⓒ PICTUREPRESS

１９８０年代に登場したドイツの酸性雨だが、環境問題を取り巻く事情はどのように変化してきたのか。初期の反応は、経済的な懸念であった。１９７７年の「工場などから排出される大気汚染物質を規制しよう」という政府の提言に対して、鋼鉄とエネルギー系の組合は「３０００の職を奪い、環境保護どころか『自己破壊的なヒステリー』だ」と反発した。ところが、１９８０年代になると風向きが変わる。メディア、特にシュピーゲル誌の特集が大きな役割を果たし、ドイツは政策の大転換を図った。同時に、環境ＮＧＯによるメディア戦略が功を奏し、酸性雨による森林被害が紙面を賑わすこととなる（図10）。

その一方で、メディアは危機を煽ることに終始したという反省の声もある。実際、１９８１年から86年までに新聞に掲載された92本の記事のうち、実際に森林に出向いて書かれた記事は

図 9　ドイツ鉄道による「国立公園へ行こう」に使われた倒木　Ⓒ DB

図 10　環境ＮＧＯロビンウッドとタイタニック誌の共同キャンペーン：「森林を枯死させるな！」の貼紙と「呆れたものだ！ボン（ドイツ政府）が森林を救っているとさ！」Ⓒ Titanic

4本にとどまった。メディアの他にも、「緑の党」の躍進（１９８３年に連邦議会に選出）、予防原則（注２）という概念の登場、森林の死を深刻に受け止める文化なども情勢の変化に重要な役割を果たした。

　功罪はあるものの、一般誌が世論と行政を大きく動かした点で「酸性雨」はドイツの環境メディア史に名を残している。その影響はドイツの林業に波及し、自然を模倣し、生態系に配慮した林業へと方向転換を行なう契機となった。当初の「衝撃」が現在の「実施」となりつつあることを、二枚の倒木の写真が語っている。

　酸性雨問題は「科学か政治か」の二者択一ではなく、「科学を使って、どのような社会を目指すのか？　公平と効率のどちらを優先するのか？」という問いを突きつけた。「環境問題の今」を考えるとき、酸性雨の議論の歴史から得た教訓を踏まえることが近道であろう。

特に地球温暖化の枠組みの効率・公平性を考えていく上で、酸性雨は示唆に富んでいる。同時に、大きなうねりを起こしつつも、現場からの発信が少なかったメディアの功罪など、現在の環境ＮＧＯや企業の社会活動など環境コミュニケーションについて考える題材を提示している。

（『森林環境２００６』（森林文化協会）pp. 40-48 の拙著「政治化する酸性雨という物語：欧州諸国とドイツで」を改定したものです）

注２　「科学的な証拠が不十分」として議論が進まなかった反省から、予防原則という概念が生まれた。「人体や環境に重大で不可逆な影響を及ぼすおそれのある場合、対策や規制措置を取る原則」と一般的に定義される。

海外⑤「緑の党」と環境運動

ドイツの森林にはゆかりも深い「緑の党」の誕生は、ドイツの環境と政治を語る上で不可欠である。１９７０年代に旧西ドイツで活動をはじめた同党は、酸性雨などによる黒い森への被害への危機感が追い風となり、70年代後半の選挙で、欧州議会やブレーメンなどで有効得票数を得るなど、地方選挙で存在感を示しはじめる。学生運動などの流れを組むグループも合流し、１９８０年に連邦レベルの政党として新たなスタートを切り、原子力発電所の設置反対運動などのテーマにも取り組んできた。ただの左翼運動とはいいきれない。実は、もともと環境に関わるグループには、比較的保守的なキリスト教系の団体や、森林保全や森林所有者団体（例えばドイツの森林保全団体の老舗のSchutzgemeinschaft Deutscher Waldなど）も関係してきたからだ。

その後、１９８９年にベルリンの壁が崩れると、暴力ではなく平和的に運動を推し進めていた旧東ドイツの市民運動のグループが合流する。その合流が実現した記念すべき１９９０年を入れて、ドイツの「緑の党」の正式名称は「同盟90／緑の党」（Bündnis 90/Die Grünen）となった。

「緑の党」は着実に勢力を拡大し、１９９８年から２００５年までは、ドイツ社会民主党（ＳＰＤ）と連立政権を組んで、与党を経験した。たまたま筆者がドイツに滞在していた、２０００年から２００４年の４年間はすっぽり、「緑の党」が与党であった時代で、環境大臣（トリティン）はもちろんのこと、国民的人気があった外務大臣（ヨシュカ・フィッシャー）も、「緑の党」の出身者であった。ただ、与党として、世界を震撼させた２００１年9月11日のテロ、コソボやアフガニスタンの軍事作戦にどのように関わっていくのか、難題をつきつけられた。現実路線に傾くなかで、その路線に反対する多数の党員が党を離脱し、外交や戦争に関して難しい状況が続いた。さらに保守党など他の党も環境に配慮する政策を打ち出し、いわば看板政策の独自性が目立たなくなり、「アイデンティティの危機にあるのではないか」といった厳しい批判にもさらされた。ただ、その後は、２００５年の選挙で政権与党の座を失ったものの、下野した後の２００９年の選挙で議席数を伸ばしている。２０１１年現在では、日本の自然災害が引き金となった原子力発電の事故を受けて、脱原発や再生可能なエネルギーへのシフトを鮮明に掲げている「緑の党」は国民の支持を集め、地方選挙で躍進している。

次に、「緑の党」のような政党としてではなく、社会運動として環境をテーマに活動しているドイ

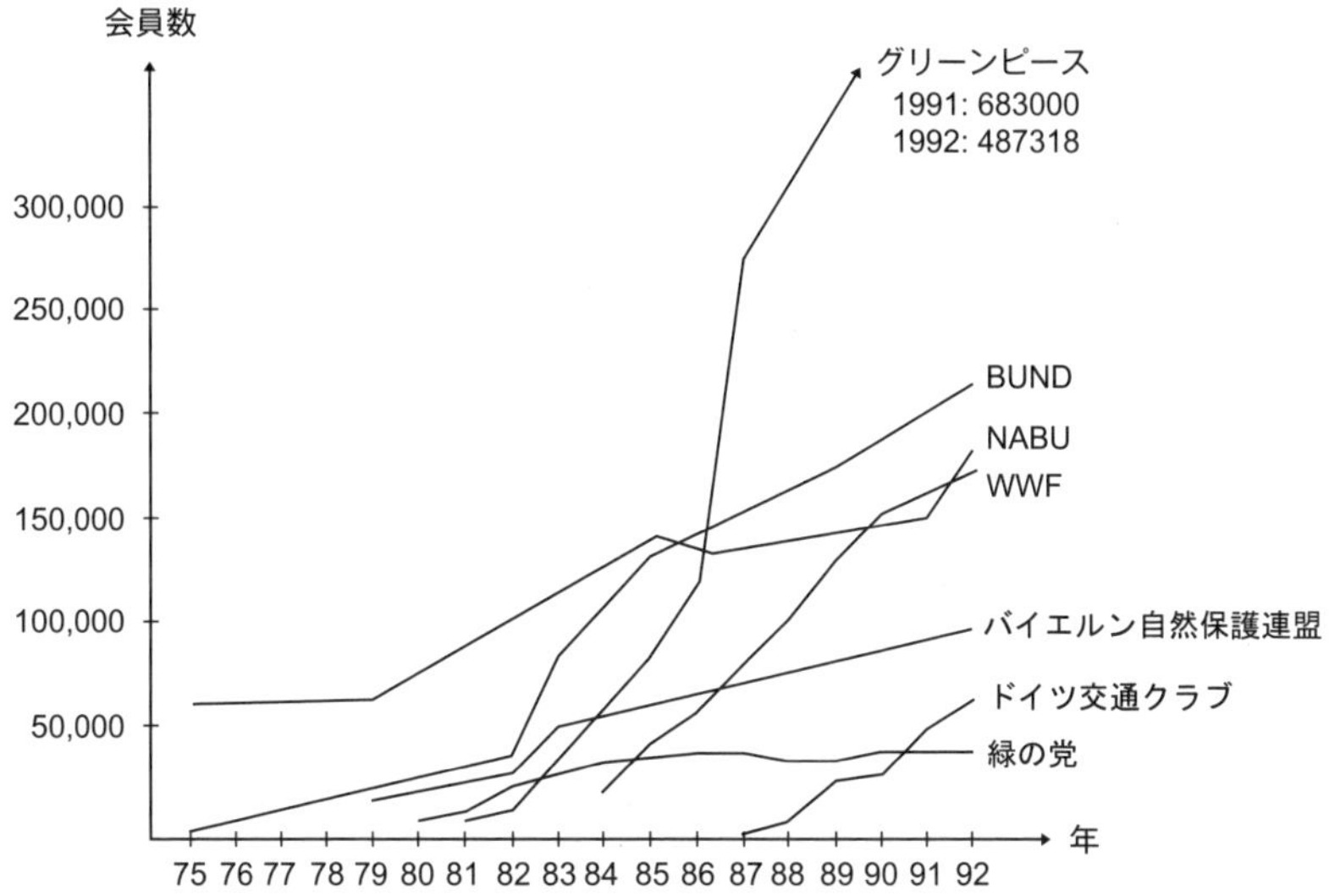

図 11　(旧西) ドイツにおける主要環境団体の会員数推移　出典 Rucht (1994) 266 頁

ツの非政府組織（ＮＧＯ）の歴史を、各団体の会員数の推移から見てみよう。少し古いが、ドイツのRuchtという学者が取ったデータを示す図11が１９８０年代の変化を見ていくうえで分かりやすい。

主要な組織となるグリーンピース、ドイツ環境自然保護連盟（ＢＵＮＤ）、ドイツ自然保護連盟（ＮＡＢＵ）、世界自然保護基金（ＷＷＦ）などの推移を大まかに示したその図を見ると、82年前後からいずれの組織も会員数が急激に増加していることが分かる。そうした変化が顕著となる80年代初頭までは、自然保全色が強く、前身の団体が１８９９年に設立された歴史の長いＮＡＢＵが最大手であった。それが、80年代の半ばになると、よりアクションや政治色の強いグリーンピース・ドイツやＢＵＮＤ（１９７５年設立）が急激に会員数を伸ばし、ＮＡＢＵは第３位に転落する。19世紀末に設立されている団体が、誕生して10年も経っていない団体に会員数を抜かれてしまうほど、当時の環境関連の団体は激動期であったといえる。

ただし、その後2001年までのデータを取ると、グリーンピースは変動を繰り返しながら50万人程度、BUNDは横ばいの25万で、NABUが36万人とBUNDを抜いて再び盛り返している。またWWFも24万人でBUNDに肉薄している。

このように順位の変動はあるにせよ、ドイツのNGOは、1992年のリオの地球サミットに向けて、80年代に爆発的に会員数を伸ばしていった。一方、政治的に大きな存在感を示していた「緑の党」は五万人弱で推移しており、会員数という点でみると、大手のNGOに遠く及ばなかったことが図表から分かる。同じ時期に日本はというと、バブル経済の真っただなかにおり、経済的な好景気（とその後の崩壊）は経験したが、それは環境NGOの活動にはあまり反映されず、会員数の増加という形には結びつかなかった。

では、NGOが会員数を大幅に伸ばした時期に、環境についてどのような報道がなされていたのかを見てみよう。80年代後半の1987年から1992年の間のドイツの社会学者らの統計によると、ドイツでの四大新聞における環境問題の取扱いは、第二位の「政策・行政の行事」「(国際機関などによる) 会議や条約」「政党のデモ・行事・会見等」を抑えて、「NGO等　デモ・行事・会見」が大差で一位となっていた。第二位との順位は入れ替わらず、常にNGOが上位であった。ブラジルでの地球サミットがあった時期であっても、「会議や条約」に関わるテーマはあまり伸びておらず、NGOによる戦略的な情報発信の威力をあらためて実感させる数字になっている。例えば、筆者がWWFの広報メディア担当者から聞いた話によると、国際会議など事前に発表されているイベントに周到な準備をするのはもちろんのこと、「洪水などの災害といった不測の事態にも、前もってキャンペーンの準備をしている」ということであった。ＮＧＯが災害時や会議において、環境破壊や悪化の傾向に警鐘を鳴らすために、あの手、この手で、報道機関に対してメッセージを伝えるように念入りに働きかけていることが伺える。

さらに中身を見ていくと、１９８６年のチェルノブイリ原子力発電所事故の影響は大きく、翌87年は災害に関わるテーマが多数を占めていた。その後、88年以降、災害に関する報道は後退し、訴訟に関する報道が増えている。また、１９９２年のリオの地球サミットが近づいてきたことから、専門家の知識などに関する報道も増えている。

以上、１９７０年初頭から90年にかけて、ドイツの環境の政治やＮＧＯの一断面をみた。「緑の党」の歴史において、さまざまな団体が参加しながら勢力を拡大させ、90年に東側の市民運動が合流することで現在の政党の形になっていったこの時期は、政党としての基盤ができた重要な時期といえそうだ。また、ドイツのＮＧＯにとっての１９８０年代は、会員数のうえでも、社会的に環境というテーマを大きくしていく上でも、重要な時期であった。また、役割のうえでも、行政、大学や研究機関だけが専門知識を提供するのではなく、（時には若干の偏りがあるにせよ）ＮＧＯも専門知識を広げる役割を担っていくようになったことが新聞報道の統計からも読み取れる。

参考文献
Rucht (1994) Modernisierung und neue soziale Bewegungen : Deutschland, Frankreich und USA im Vergleich
Campus-Verl. Frankfurt, a.M.
Brand, Karl-Werner; Eder, Klaus; Poferl, Angelika (1997) Ökologische Kommunikation in Deutschland / Westdt.
Verl. Opladen
Wikipedia: Geschichte von Bündnis 90/Die Grünen
http://de.wikipedia.org/wiki/Geschichte_von_B%C3%BCndnis_90/Die_Gr%C3%BCnen

海外⑥　写真作品「ヨセミテ」

数あるアメリカの国立公園のなかでも、ヨセミテの国立公園は知名度が高い。西部のアクセスがしやすい場所にある、地形が変化に富んでいる、生息動植物が豊富であるなど、その人気の理由はさまざまあるだろう。ただ、実際の魅力に加えて、ポスター、雑誌、絵ハガキに登場した写真の魅力的なイメージも大きな役割を果たした。特に、二〇世紀初頭に生まれ、写真でヨセミテの魅力を伝え続けた男性の写真家、アンセル・アダムスによるところは大きい。登山を愛し、自らシエラクラブという自然保護団体に所属していた彼は、非常に整った白黒写真でヨセミテを有名にした。書籍を出すなど写真の技術論について先駆的であったが、一方ではやや人工的で「絵ハガキ」的な作品だという批判もあった。そのアンセル・アダムスが亡くなった１９８０年代に、女性芸術家による「ヨセミテ」と題する写真作品が発表されている。ヨセミテと思われる壮大な森林風景が広がる写真のまんなかに、その風景を二分する形で、ファッショナブルな美しい女性がポーズを決めている写真が入った印象的な作品だ。タイトルからアンセル・アダムスを意識していることが伺える。

この作品を眺めていると、自然に向ける驚嘆や賛美のまなざしは、実際のところ、ファッションや女性の美しさに見入る眼とどう違うのかという疑問を投げかけられているように思え、まんなかの写真の像がゾウであったらなどと考えさせられる。つまり、私たちは森林の美しさを崇めることが自然であるように感じているが、実際には文化や社会的な関係も影響しているのではないだろうかという問いかけがなされている。

図 12　ヨセミテ　Ⓒ Vikky Alexander

80年代の作品なので、ポスト・フェミニズムなどといわれる議論のなかで、フェミニズムの方向性についての議論が起きている時期の作品である。職場進出や労働条件、政治でのフェミニズムの運動がある程度すでに達成されたという認識に対する反動が出てきた時期でもあった。

森林や海の美しさを見て感動したとき、その感動は「自然な感情の発露であり、当然、万人が共有する」と考えがちだ。もちろん、性別や人種にかかわらず、また赤ん坊から老人まで感動を共有する美もあるだろう。だが、自然の美においても、文化的背景や社会における役割などによって見え方が変わってくることも多いのではなかろうか。

女性についても、過去には、男性の視線から「美しいもの」としてとらえるだけでなく、特有の欠陥を持つものとしてもみなされてきた。有名な例では、ヒステリーは女性特有の病気と考えられ、病名も古典ギリシア語の「子宮」に由来する。女性だけに起きる疾患で、子宮からくる病気と誤って信じられていた。一般の迷信ではなく、医学の分野でも教えていた歴史があり、ヒステリーで倒れた女性を抱え、学生に見せている教官の絵というものも存在する。

図 13　ヨセミテ国立公園（環境省自然環境局自然環境計画課　鈴木渉氏提供）

「ヨセミテ」の写真などが提起している一つの問題は、「美しい」「病気がある」といった美醜や「良い、悪い」といったイメージそのものではなく、むしろ表現されている側の両極端なイメージをコントロールできないまま、表現する側が一方的に表現してしまっているということだろう。「美しい、よいイメージだから喜ぶべき」ということではなく、女性、人種などの表現をめぐっては、自分たちがどのように表現されるのかということについて表現された当事者の声が反映されるような仕組みについての議論ともいえる。特に、暗黙の前提として、（男性、白人などの）「我々」というカテゴリーに入っていない人びとを「他者」として一方的に表現してきた伝統について、さまざまな観点からの反省と議論が行なわれている。

海外⑦　道具とされた風景

人はどのような風景を美しいと感じるのか。文化や民族の歴史が影響しているなど、さまざまな議論が行なわれている。ただ、美しいと感じる風景あるいは美しいと感じる度合いは国や民族によって異なるかもしれないが、人は美しい風景に感動や安らぎを覚える。しかし、(だからこそかもしれないが)風景は時として、政治的色彩を帯びた題材としても使われてきた。

近代のいわゆる国民国家では、国民から愛され、共有の財産とみなされる美しい風景は、国を纏めていくアイデンティティの一つとして活用された。とりわけ戦時下では、「この美しい風景を敵国から守ろう」というスローガンのもとに、欧州諸国はこぞって、民族の団結を訴え、国民の結束を呼びかける題材として風景を利用した。例えばイギリスであれば、兵隊を募集するポスターに、丘陵地の典型的な風景を用い、「我々の風景を守るために前線へ」と訴えた。

一方のナチス・ドイツは、森の風景を好んで用い、森の民としてのゲルマン民族をことさら際立たせている。例えば、１９３６年に作成したプロパガンダ映画「永遠の森」では、森林が敵との攻防の場所のモチーフとして多用されている。他にも、森林の風景を巧みに変容させ、森の民としてのゲルマンの血が現代にまで息づいていることを暗に示す映像は多い。例えば、整然と植えられた苗木が次第に兵士の足へと変化していく映像、あるいは光が差し込む森林の光景がだんだんと教会へと変化していく映像が活用されている。その他にも、人を木に、社会を森林にみたて、曲がった木や弱い樹木は引き抜かれるべきとする規律、整然とした森林を称えるメッセージが埋め込まれている。

さて、ナチス・ドイツは弱肉強食の思想を背景に込めて「生存競争」とか「生存空間」といった言葉を盛んに使用したが、東方拡大を正当化する用語として「空間的な整頓」という言葉も使用した。この言葉には、粗雑な風景しかつくり出せない（とされた）東欧諸国に、ゲルマンのドイツ帝国が空間的な秩序と規律をもたらすといったほどの意味合いが込められていた。

しかし、ナチス・ドイツだけではなく米国の西部開拓時代においても、天使が開拓民を導いて「西へ西へ」と進んでいる絵画などから、森林などを開拓して啓発と秩序をもたらそうという旗印が多用されたことが読み取れる。この模式では、森林は混沌とした場の象徴とされている。

このように、美しいとされる風景は、戦争や勢力拡大を正当化するため、「祖先から受け継いだ秩序を保とう」「雑然とした地域に秩序をもたらそう」「自分たちの美しい故郷を守ろう」といったメッセージを託され、政治的色彩を帯びた道具として使われた歴史が存在する。

コラム①　いろいろなハイジ

欧州の中部を東西に走るアルプス山脈は、モンブラン、マッターホルン、ユングフラウなどの高峰を擁し、ウィンタースポーツや登山のメッカとして、あるいは観光地や避暑地として名を馳せているが、裾野から山腹では古くから農業や牧畜が営まれてきた。現在も自然と共存する形で長閑《のどか》に農地や牧草地が点在するアルプスを、欧州の里山的な存在だという日本の研究者もいる。その一方で、山地・農地と生物多様性との関係が注目されてきた昨今、現地では、スイス、ドイツ、オーストリア、イタリアなどの国を超えたレベルでの生物多様性の地図づくりや、住民を巻き込んだ自治体レベルでの保全の取り組みも行なわれている。

さて、そうしたアルプスの山村を舞台にした『アルプスの少女ハイジ』という児童文学の名作がある。これは、１００年以上も前の１８８０年代にスイスの女流作家、ヨハンナ・シュピリが書いた作品で、日本を含む世界各国で翻訳され、往年の文学少女たちを魅了した。ただ日本でその名を一躍有名にしたのは、むしろ１９７０年代にテレビに登場した同名のアニメ番組であろう。以来、主役のハイジをはじめ、アニメに登場するキャラクターがデパートの企画展示会に登場したり、ハイジ関連のキャラクターグッズを専門に販売するショップも存在したり、今でも根強い人気を誇っている。

図 14　スイス政府観光局パンフレット表紙には実写映画、アニメのハイジが登場

こうしたアニメによって引き起こされたハイジ人気を受けて、スイス観光局では、日本人観光客向けにマイエンフェルトなどハイジゆかりの地を訪れるコースの小冊子を発行している。さらには、旅行のパンフレットやガイドブックにおいて、読者の関心をそそろうと、アニメの画像と現実のスイスの風景を並べる構成を用いることも少なくない。また一方で、日本人の見識を疑われるような極端な例だが、スイスのハイジ博物館やゆかりの地を訪れた日本人

図15　大人のハイジが登場するタバコの広告 ©WEST

観光客が、「模型の人形が（アニメの）ハイジに似ていなくて残念だった」という感想を述べたという話も聞く。

このように日本で圧倒的な存在感を示すアニメは、スイスに限らず欧州各国でも放映され、そこに登場するハイジは国際的にも注目される日本語「カワイイ」の概念を代表するキャラクターの一つとして認識されている。だが、当然のことながら、欧州ではアニメの独断場ではなく、その他にも原作をベースとした絵本や実写の映画などが数多く存在する。加えて、シュピリ原作以外にもハイジの物語は存在し、広告など多層的な媒体で、さまざまな「ハイジ」が登場する。例えば、「カワイイ」という印象からは程遠いクールでセクシーな女性が、大胆なポーズでタバコを吸っているのを男性が見つめている「ハイジ」というタバコの宣伝もあり、日本人には想像もできない構図のハイジも登場する。

ところで、『アルプスの少女ハイジ』は、原作もさることながら、アニメ版もテレビ放映から40年近く経た今も根強い人気を誇っている。それは、「カワイイ」キャラクターに負うところが大きいのだろうが、現代の生活で失われつつある豊かな自然と共生した長閑な生活への郷愁、あるいは憧れが人びとの心の底にあるということではないだろうか。

日本①　ドイツの森、日本の森

日本では、日本とドイツを実に色々な角度から比べてきた。環境の分野においては、ドイツを「環境先進国」などと崇める一方で、エンジニアなど専門家からは、日本は自動車や再生可能なエネルギーの技術力や効率で見劣りするわけではなく、むしろ優位にあると反発する声も上がっている。

一般消費者の環境に対する意識にしても、あながちドイツのほうが日本より高いとはいいきれない。牛乳パックやプラスチックのトレーのリサイクルを例にとってみても、日本の消費者のほうがよほど小まめに洗ってスーパーに戻している。しかも、ドイツの缶などのリサイクルはお金が戻る仕組みのデポジット方式であるが、日本では多くが無償での行動だ。また、筆者は博士課程を環境やエネルギーの政策で先進的な街といわれるフライブルクで過ごしたこともあって、報道関係者が街のよいところだけを撮影したり紹介する場面にも何度か居合わせ、ドイツが環境先進国という通説には若干の違和感を覚えてきた。

では、森林の分野はどうであろうか？　日本の森林研究は、歴史を振り返ると、医学や法学と同様にドイツがルーツになっている。例えば、森林の美しさについて議論をしている古典の『森林美学』や、近年の『森と日本人』といった著作は、ドイツに留学した研究者によって書かれている。また、近年では二酸化炭素の固定、レクリエーションなさまざまなテーマで幅広く使用されている持続可能性という用語も、ドイツの林学にルーツがある。そもそもは「保続性」と呼ばれ、木材という資源の持続性や土砂崩れの防災に主眼が置かれた概念で、それは現在でも骨格をなす古典として重要性は衰えていない。

このように日本はドイツの林学から多くを学んできたが、ドイツの森と日本の森では、違いがある。生態、文化や歴史の違いはもちろんのこと、連邦制であるドイツは、州ごとに人員の体制、方針が異なってくるのに対し、日本では国全体で方針を決めることが多く、こうした管理制度にも違いがある。また、ドイツの森は一日散策しても五〜十種程度の樹木の名前で足りてしまうことが多いが、日本の森であれば十メートル歩くうちにそれ以上の種に出くわすことも多い。加えて、ドイツでは、私有林であっても勝手に森に入ることができる、管理が放棄された森林がまだ少なく、光がはいってくるような森が多いなど、日本の森との違いがさまざまに思い浮かぶ。

こうした森そのものの違いもあるが、日本とドイツの違いでさらに顕著なのは、森で見かける人間、すなわち森との接し方である。例えば、ドイツを代表する森としてフランスの広葉樹の森とよく対比される、南部ドイツに広がる針葉樹中心の黒い森（シュバルツバルト）は、ドイツ人にとって非常に身近な場であり、ジョギング、マウンテンバイク、ノルディクウォーキング、散歩などの老若男女で混みあっている。特に日曜日は、狭い道でのすれ違いに難儀したり、自転車との衝突が心配されるほどの混み具合となる。一方の日本では、ジョギングなどの活動自体は盛り上がりを見せつつあるが、活動の場はむしろ皇居など職場から近接する場所か自宅周辺が多い。日本の場合、森が山の傾斜面に位置し、ジョギングなどに不向きな場所が多いので単純な比較はできないが、ドイツと比べ、森の利用度は確実に低い。その違いは貼り紙や標識にもあらわれている。日本では「危険」「綺麗に使おう」

という貼り紙を街なかや公共のトイレではよく見かけるが、森のなかには少ない。一方のドイツでは、街や建物ではあまり見かけないが、森では質素だが神経質なまでに数多くの行き先や距離を記した標識がある。森は、「使うもの」という意識からか、人が訪れて利用しやすいように配慮した標識が多い（それでも迷うことはあるのだが）。

ただ、日本でも実際には行ってなくとも行きたい、あるいは身近に感じていても距離が遠いことから行きそびれている人もいるだろう。森と人との関係をドイツと日本で比較する場合、どうしても実際の利用の仕方や利用度といった現象にばかり目がいきがちだが、住んでいる場所から森のある場所までのアクセスや距離も重要な要素となる。従って、住宅の価値尺度にまでさかのぼって考えていく必要があろう。

不動産の価値を測る尺度というと、日本ではどうしても駅からの距離が最大の要素となる。賃貸料や住宅の価値は、駅から何分ということと密接に結びついている。次に日あたりなどの建物の条件、その後に森林を含む緑地など近隣の環境が斟酌される。つまり、緑地や水辺の近くというのは付加価値にはなるが、決定的な要因ではなく、不動産価値を測る大きな物差しは駅からの距離であるのが現状といえる。

そうしたなか、森と人との関係を見直そうとする動きも見られてきた。色々な考え方があろうが、尺度を変えて、駅からの距離だけではなく、森などへの近さを重視するというのも、その一つである。具体的には、里山への移住、IターンやUターンといった行動がこれにあたる。ただ、昔の価値観に戻ろうという、やや観念的でノスタルジックになりがちな考え方でもある。

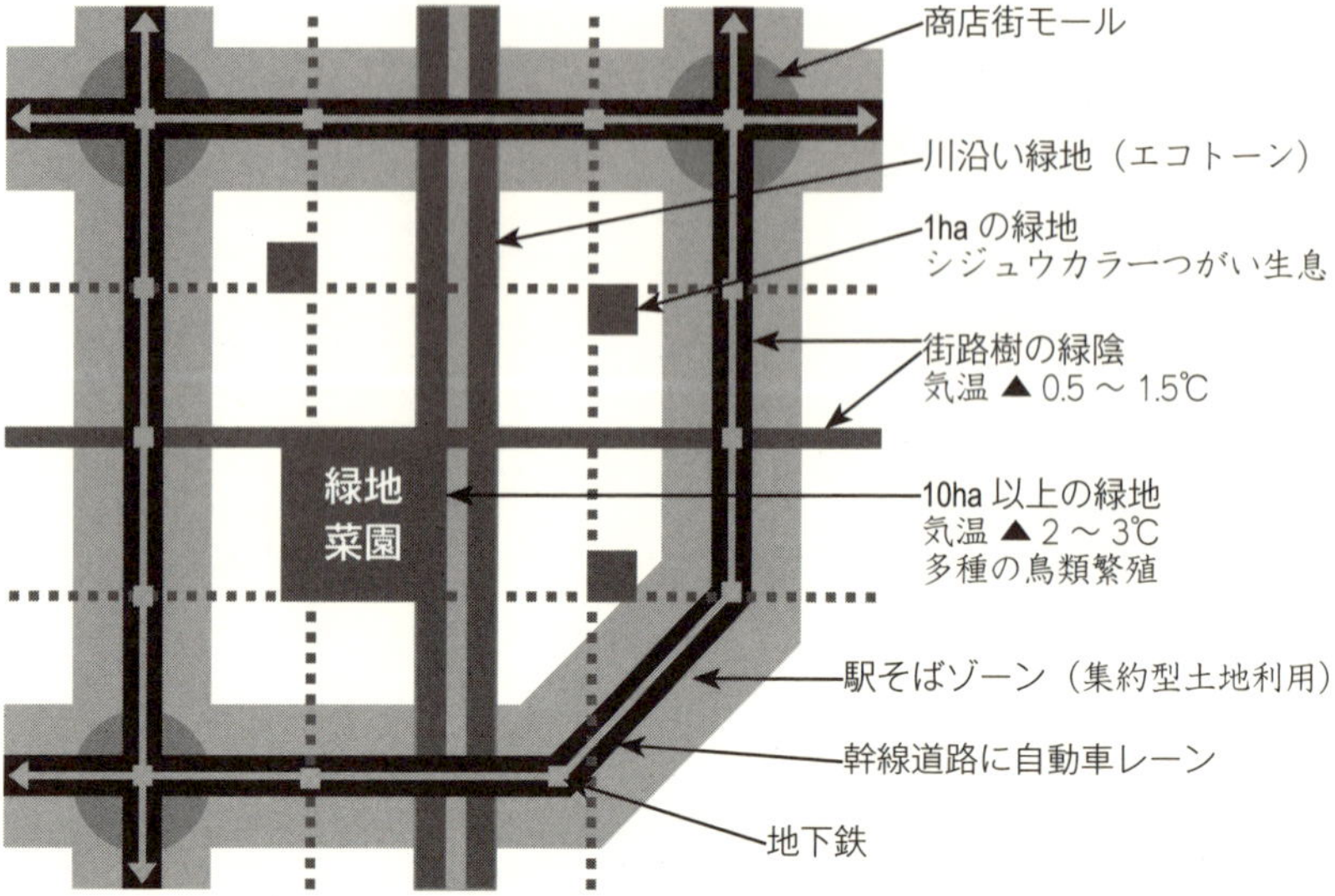

図 16　駅そば生活の複写　名古屋市提供

一方で、都市計画や街づくりサイドから転換を図ろうとする考え方がある。例えば、駅の近くに宅地を集合させ、駅と駅の間の別の場所を緑化したり、森林として再生させるというやり方である。「駅そば生活」と少々奇抜な名前をつけたコンパクトなシティ構想が、実際に名古屋で進行している。川や緑地をつなげて風の通り道や生態系のつながりを確保しながら、住民が駅の近くに集まって生活することによって、高齢化社会で見込まれる人口や世帯数の減少に対応しようという構想である。

いずれにしても、日本の森を考えるにあたっては、国全体の国土や生活の仕方を前向きに考え、楽しみながら議論することが必要であろう。その際、人工林の森林施業において他国から学ぶことはあまりないという専門家もいるが、他の国を参考にするのは建設的であり、有益といえそうだ。ただし、一方的に他国からモデルを導入するのではなく、他国の例を日本の今後のあり方についての議論に結びつけていくことが重要である。ピンチはチャンスともいうが、高齢化などの日本社会の変化やグローバルな経済状況の変化を受けて価値観が柔軟になっていくことも考えられる今こそが、もしかすると、幅広く柔軟な議論ができるチャンスであるのかもしれない。

日本②　田舎から里山へ

岐阜県出身の人と話をしていて、「里山」という言葉が随分と市民権を得てきたという話になった。彼いわく、岐阜県を含めいわゆる地域社会が「田舎」と呼ばれていた頃は、出身地や地域の暮らしについて何となく話しづらい雰囲気があったのが、ここ10年ほど、「里山」という言葉がもてはやされるようになるにともなって、地域に対する視線が変わり、見直されるようになってきたということだった。裏を返すと、「田舎」という言葉には、否定的なニュアンスが含まれているということになる。

かつて、イギリス人の研究者からも、豊かな層ほど

図 17　里山の光景

田園暮らしを志向するイギリスとは違い、日本では地域社会を田舎と呼んで低く見ており、それと関連してか、林業が衰退し、日本の森林は緑の砂漠となってしまっているという指摘がなされた。実際に日本の田舎とイギリスの田園の概念が同じであるかという議論はさておき、イギリス人とは異なる日本人の考え方に疑問を呈したその指摘は、あながち的外れとはいえないだろう。

ところで、たんに言葉が「田舎」から「里山」という言葉に置き換えられることで、地域社会が蘇ることができるのか。また、地域社会を「里山」という言葉で一括りにしてしまった場合、地域性、個性、ユニークさを大事にしていこうとする生物多様性などの概念と、どのように折り合っていくのか。

ここで注目すべきは、人びとが心のなかで描くイメージやビジュアルとしての地域社会が、言葉の置き換えによって変遷してしまうということである。現実の地域社会、とりわけ山村は、高齢化や都市部への人口の流出で、その維持さえも危ういケースも少なくない。加えて、シカやイノシシが増えすぎてしまったために、農林業の作物を食べられてしまう獣害が深刻となっており、さらには道端でイノシシに遭遇するなど、日常生活にも支障をきたす危機的な状況にある地域も多い。すなわち、地域社会の暮らしは、田舎と呼ばれていたときと里山と呼ばれるようになってからとを比較すると、むしろ状況は悪化しているとさえいえよう。それが、表象やイメージの上では、長閑《のどか》で、郷愁を駆り立てるようなものへとすり替わってしまった。何故、どのように転換が図られたのか、また現実の問題に対処していくにはどのようなメッセージが重要となるのか、といった議論を深めていかなければならない。

最近、兵庫県立・人と自然の博物館の河合雅雄名誉館長と東京大学・総合博物館の林良博元館長が編集した書籍『動物たちの反乱』には、「増えすぎるシカ、人里へでるクマ」という副題がついている。そして、第２章の「里山とは何か」（河合雅雄）では、里山を人と人だけではなく、人と野生動物の「入会地」と位置づけている。つまり、動物は人が出入りして作業や移動をしている間は息を潜め、夜や人のいない間に姿をあらわし、人間と動物が「巧妙に避けあって里山を使うという黙契」があったというのだ。ところが現在、その黙契が崩壊してしまい、「入会地」が動物たちの「領有地」となってしまったと指摘している。ならば、里山を共生の場としていくために、知恵を絞らなければならない。そして、昔のように木材や薪を取るためなのか、都市住民の環境学習や健康の憩いの場のためなのか、あるいは地域住民の生活や安全のためなのか、その目的についてもあらためて考えなければならない時期に差しかかっている。

参考文献
河合雅雄・林良博（２００９）『動物たちの反乱―増えすぎるシカ、人里へ出るクマ―』ＰＨＰサイエンス・ワールド新書

日本③　元気な林業の村の試行錯誤

全国各地から「林業の元気がない」という声が聞こえるが、「試行錯誤で好き勝手にチャレンジしている」元気な林業の村がある。名古屋から車で北上すること2時間の岐阜県「加子母《かしも》」である（2005年に8市町村が合併し、現在の正式名称は中津川市加子母である）。日経新聞が「元気な加子母に住んでみる」という連載記事を掲載するなど、加子母の注目度は高い。

中部圏各県の森林面積率を見ると、愛知県や静岡県が全国平均並みの6割を少し超えた程度であるが、岐阜県は8割を超え、まさに森林王国だ。なかでも加子母は94%を森林が占め、古くからヒノキの生産を中心とした林業の盛んな村である。しかし、林業衰退がいわれる昨今、加子母は黙々と林業を行なうだけでなく、試行錯誤を重ねながら、元気な村であるための工夫を凝らしている。

図18　イラストで加子母村をPRしているマップ

例えば、都市住民向けに、親しみ易い絵を入れた柔らかいタッチの地図（図18）や、林業の説明とヒノキの箸がついた小冊子（図19）などを作成し、魅力をアピールしている。また、木匠塾やゼミ合宿などが開催され、年間３０００人近い大学生などが全国から訪れ、交流する場となっている。そうした柔軟なアイデアときめ細かい配慮が若者を呼び込む力になり、山村にあって若者を中心に活況を呈している。

さて、木曽と裏木曽地域、すなわち長野県から岐阜県にかけて広く分布するヒノキは木曽ヒノキと称され、秋田スギ、青森ヒバと並んで日本三大美林とまでいわれているが、なかでもその一角に位置する加子母は、良質な木曽ヒノキの産地となっている。そのヒノキの原木を、製材後と乾燥後に二度挽きし、入念に加工してつくられるトウノウヒノキ（東濃桧）は、銘木として吉野などと並んで全国でも名の通ったブランドとなっており、伊勢神宮でも御用材として使用されている。なお、建築材としてのヒノキは古事記にも登場するほど歴史が長く、またヒノキを用いた奈良の法隆寺は世界最古の木造建築として名を馳せている。そのように建築材としての適性に優れたヒノキは、かつて尾張藩の時代には、「留山」「留木」といって村

図 19　ヒノキ箸つき小冊子

人が切ることを厳しく制限した歴史があり、昔から地域の貴重な資源とされてきた。

その貴重な資源を脅かし、村人にとって悩みの種となっていたのが、日本カモシカ、シカ、イノシシによる獣害である。かつては林業家が被害同盟を結成するほど被害が大きかった。しかし、加子母村東濃桧優良材生産クラブ会長の安江銕臣氏によると、ちょっとした工夫で獣害も避けることができるとのことである。以前は、ヒノキだけを増やそうと、他の下草などを刈っていた。だが、それが却って災いし、ヒノキに被害が集中することになってしまった。そこで、先輩格の林業家の文章を林業雑誌で読んだのがきっかけで、10年ほど前から、野ウサギやカモシカが食べる植物を分散させようと、他の植物を刈らずに残し、植生を変えてみたところ、被害が完全に防げるわけではないが、軽減することができたという。しかも、ヒノキの生育状況にも変化が見られ、枝張りが大きく強くなったと安江氏は感じている。さらに、種々の植物が存在することによって、シジュウカラといった鳥やカブトムシ、クワガタなどの昆虫が出てくるなど、森全体にも変化が見られたそうだ。野ウサギやカモシカの正確な頭数の動向は不明だが、芽などが受ける被害は確実に減少している。

また、需要が高かった過去には、供給が追いつかないことから、他の地方から持ち込まれたヒノキをこの地方で製材するだけでトウノウヒノキとして流通させたこともあった。ヒノキは産地偽装が多い製品でもあり、ブランドとしての信頼を損なうと批判の声が上がった。現在は、皮肉にも、国産木材の消費低迷から、現地で生産されるヒノキで十分に賄なっているということであった。

林業といっても、木材の生産だけではない。木材の値段やブランドの維持、獣害の防止と生物多様性の保全、次世代の育成など、さまざまな責務や役割がある。それに地域社会がどう向き合うかが、活気があるかないかの分かれ道なのかもしれない。

（中部経済新聞に掲載された記事を加筆したものです）

日本④　鎮守の森の前途

自宅など生活の場から一番近い森というと、どのような森があるだろうか？　神社の周りのこんもりとした鎮守の森が一番身近な森であるという人は少なくないだろう。

もっとも身近な自然であり、帰り道や散歩で楽しんでいる人も多い鎮守の森。「社叢《しゃそう》」という言葉が使われることもある。ただ、昨今、畏敬の念を込めたちょっと古めかしい響きの言葉がすたれつつあるのと同様、鎮守の森自体の将来が危ぶまれており、実態調査からも、今後の鎮守の森を取り巻く環境は楽観視できない厳しいものであることが明らかとなっている。まず、近隣の人びとにしてみると、憩いの場、心が洗われる場として、森のありがたみは感じていても、落ち葉の清掃の大変さや暗がりによる安全性への不安は切実な問題で、住宅地域にある森特有の難しさが浮かび上がってくる。また、森を管理する神社にしても、後継者難という問題を抱えている例は少なくなく、神社が鎮守の森を維持管理するのが当たり前とはいかなくなる時代もそう遠いことではないと懸念される。また、かつては神の森として崇められ、祟りをおそれる気持ちもあって大切に守られてきた鎮守の森にも、時代の変遷とともに、道路の造成や拡張、あるいは住宅や施設の建設など、開発の手が及ぶようになってきている。地域を守る神の森という特別な存在としてだけではなく、近隣の人びとが夏には涼を求

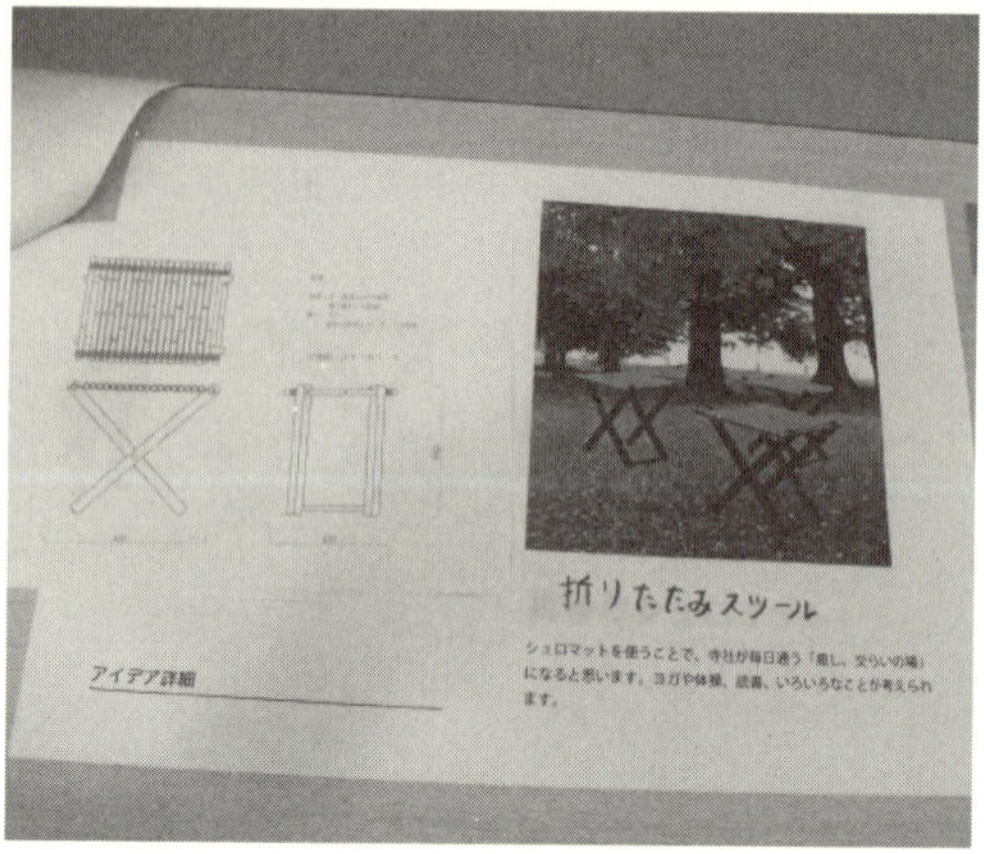

図20　鎮守の森での活動のアイデア・コンテスト
「折りたたみスツール」社叢学会が開催

めて訪れたり、春には新緑、秋には紅葉を楽しんだりと、四季折々で地域に貢献してきた鎮守の森も、なかなか厳しい現実に直面している。

その鎮守の森や社寺林等の神々の森を多くの人びとに親しんでもらい、楽しんでもらおうと、学問領域を超えて連携して活動しているＮＰＯ法人社叢学会が、２０１０年に神社と森を楽しむアイデア・コンテストを開催した。大賞を受賞した折りたたみスツールをはじめとし、マットや椅子、椅子つきの休憩場、竹編みの竹ドーム、あるいはベッドまで、ゆっくりと空間を楽しむためのツールから、竹の水筒、木製ボール、携帯のストラップやお守りつきの樽の木の葉書などの小物まで、さまざまな作品の応募があった。展示会場を訪れた人びとは、そうした神社と鎮守の森を楽しむための創意工夫を凝らしたさまざまな応募作品を熱心に眺めていた。

勿論、イスや小物だけで、後継者不足など鎮守の森が抱える問題を解決できるわけではない。展示審査会では、並行して「都市の鎮守の森を考える～自然共生型都市の創造」と題された記念シンポジウムも開催され、筆者も都市と生物多様性の関連について講演を行なった。若者や子どもなど広く関心を持ってもらい、訪れてもらうことが活気を取り戻す一歩になるという意味では、神社や鎮守の森という伝統的な場所に関心を呼び起こし、新しい魅力を感じさせるような斬新な作品、あるいはアイデアコンテストなどの試みの意義は大きい。地道な一歩を積み重ねてこそ、大きな成果が生まれてくるのではないだろうか。

参考文献

宮脇昭（２００７）『鎮守の森』新潮文庫
鎮守の森からものづくり 神社と森を楽しむアイデアコンテスト（社叢学会）http://www.shasou.org/contest/

日本⑤　北端の地と希少動物

エコツーリズムや体験型滞在が盛んになってきた近年、自然とか風景は街づくりのツールや観光資源としても重要な役割を果たしつつある。知床半島は、流氷が漂着する地として、また雄大な自然に国の天然記念物であるシマフクロウやオジロワシをはじめとする野生生物が豊かに生息する国立公園として、もとより多くの人を惹きつけてきた。２００５年、日本で３番目の世界自然遺産に登録されると、観光地として俄かに脚光を浴び、地元も旅行社も自然を観光資源として活用することに一段と積極的になっ

図21　北方領土における生物

図22　知床羅臼町観光協会のポスター

た。実際に旅行パンフレットを開くと、「観光船によるホエールウォッチング」「トレッキング」「春はウニ、秋は秋鮭の漁業体験」といった自然資源との触れ合いを謳うプログラムが目白押しである。また、環境省が管轄するビジターセンターでも、シマフクロウの標本や山や川についてのパネル展示など、自然資源を盛んにアピールしている。札幌や羽田からの所用時間などのアクセスの説明までなされ、知床は観光地としてのイメージが定着し、訪問者数の増加から、今では本格的に入場制限や有料化を行なうほどの賑わい振りを示している。

そのような自然豊かな観光地としての華やかな一面を見せている知床半島だが、その一方で、地図を広げると、根室海峡を挟む対岸は国後島であり、ロシアが実効支配し日本が返還を要求している北方領土に近接している。別の章でも触れたように、領土をめぐる争いでは、野生生物や自然景観もシンボルや象徴として重要な役割を果たしており、北方領土問題においても例外ではない。実際、北方領土返還運動を推進している団体が２０１０年12月上旬に東京の新宿駅で開催した「北方領土展2010 in Tokyo」でも、水産物や観光地の紹介の他に、入口の比較的目立つ場所で、「北方領土の生きものたち」というタイトルで、クジラやオジロワシなどの野生動物が写真つきで紹介されている。パンフレットにも、「オジロワシは、主に12月～3月に見られ、最大2mにもなる大型の猛禽類、世界でも5～6千羽しかいない」と、その希少性が解説されている。一方では、インターネットの掲示板などで「北方領土だけに生息する希少種はいるのか」という質問が呈され、議論されている。実際、希少種という観点からは、知床や根室海峡と大きな違いはない。だが、このような問いかけ自体、固有の希少種がいる土地には高い価値があるということを根底で認めており、その上で、そうした高い価値を持つ土地の帰属についての議論をしていこうという姿勢がうかがえる。

昨今、ロシア側には、大臣や大統領の視察など、日本からすると暴挙と思える行動が目につき、確かに北方領土の議論は、火急の課題であることは論を待たない。ただ、歴史、法律、政治の観点から、冷静に対策を考えていかなければならない問題について、「故郷の希少な生きものがいるから」という文脈で議論を盛り上げていこうというのは、感情的になりやすく、危うさを伴う。戦争の際に、ドイツやイギリスが、景観や森林の秩序で国威発揚を図った構図と重なる。むしろ、大事なのは、「希少な生きものがいて大事だから」といった修飾ではなく、歴史的な経緯と、お互いの論理の組み立ての違いというものを正面から見据えて議論に臨むことだろう。他の事例でも、希少な生物を楯に議論する例は少なくない。例えば、都市部の宅地開発をめぐる論争において、開発反対派は「希少種は見つからなかったが、それでも都市に残された貴重な土地だ」と論陣を張った。それを聞いて、正直なところ筆者は「何も希少種がいることだけが土地の価値を左右するわけではなく、ましてや都市部での開発を議論しているのだから、希少種についての前置きは不要であり、地域の人にとっての有用性をまっすぐに主張すればいい」と内心で思った。ただ、一般的に生物多様性の議論は、とかく希少種の話に限定されがちである。実際には、さまざまな国の人びとの暮らしや生活、あるいは土地の使い方など、生活や経済の問題とも密接に絡むテーマであり、希少種はその一角にすぎないのだ。

野生の生きものにとって、もとより領土問題などあずかり知らぬところであり、知床半島と北方領土の生態系はほぼ一体化している。にもかかわらず、知床で観光資源として活用されている生きものが、北方領土では役割を変えてシンボルとして登場している。

浅田次郎の『終わらざる夏』でも注目を集めている北方領土。生物たちからは、人間の争いがどのように見えているのだろうか。

日本⑥　外資と森の微妙な関係

現在、日本は国土全体のデザインを見直す時期に差しかかっているといえる。例えば、環境省がまとめている第三次の生物多様性国家戦略では、百年の国家のグランドデザインを合言葉にしているが、生物多様性という枠内でも、「生物多様性」という言葉を訴えることと並行して、今後は人口減少を前提としながら森林を含む生態系や農山村をどのように活性化、あるいは少なくともどう維持していくのかという問題と向き合わざるを得ないであろう。

そんななか、将来に対する不安材料として、水源地を含め、日本の森林が外国資本に買われていることがクローズアップされ、それに対する危機感を訴える報道や本が相次いでいる。特に北海道などに行くと、一般の人びとからも強い反応が返ってくることが多い。中国や香港では国内での土地所有に規制があることから中国の資本が流れ込んでいるなど、さまざまな説が取り沙汰されている。ただ、実際の報告事例は少なく、水源狙いという動機を疑問視する専門家も多い。いずれにしても、森林では土地の境界線を確定できず、所有権が決まらないという日本人同士の根深い問題もあり、忘れてはならないのは、日本の山や農地を日本人が面倒を見切れなくなっていることも背景としてあることだ。そうした現状を踏まえたうえで、どのような形にしていくのがベストなのかを大局的にみて、議論をしていかなければならない。一般市民にしても、水源地や近所の土地が中国などの外国資本に買われるのが嫌であれば、自分たちでも何らか方策を考えていくべきだろう。

似たような議論は、目下、イギリスでも盛んだ。ただイギリスでは、日本と違い、水を抑えられる将来の不安ではなく、大企業や外国資本に森林を買い占められることで、自然豊かな散歩道である「フットパス」を通行できなくなることに対する不満や反感の声が議論の焦点となっている。さらにイギリス政府は、ポンド安や財政難のなかで苦肉の策として、国土の半分に相当する森林地域を売却しようという政策を発表し、環境保護団体や散歩を楽しんできた一般市民から不信感や反発を招いている。

外国資本に対する警戒感から物議を醸しているのは、何も日本特有の現象ではないようだ。しかし市民の声の上げ方は、国や文化によって千差万別であり、日本人の場合、何となく不安、気に入らないということが多く、具体的なメッセージや活動があまり見あたらないように思え、気がかりである。海外の人びとにも日本のルールや考え方を理解してもらうという意味でも、どのような国土、森、風景を築いていきたいのかといったことをオープンに議論をはじめる時期に差しかかっているのではないだろうか。

参考文献
田中淳夫（２０１１）『森林異変』平凡新書　平凡社
環境省（２００７）「第三次の生物多様性国家戦略」
日本経済新聞「世界の話題　英国　森を歩く楽しみ　外資台頭で懸念」２０１０年12月21日夕刊

日本⑦　ドイツ人から見た日本の森

日本の森林関係者、特にこれまでの行政および組合の関係者は、ドイツから輸入した現在の人材育成や制度改革のモデルには懐疑的な人が多数派だ。いわく、ルーツとしては日本がドイツから林学を取り入れたことは間違いないが、明治以来、独自の発展を遂げてきたと。ただ、２０１０年に政権を発足させた民主党の管首相は、森林の問題に関心を持ち、自らドイツの森林などを訪ねたこともあり、ドイツ式の人材育成システムや作業道の導入などに積極的である。

その賛否はさておき、ドイツからも林業の教育機関や訓練施設の教官や関係者が、日本の林業や森林の視察に来日している。筆者もこれまで何度かドイツ人を日本の森に案内した経験があり、ドイツ人から見た日本の森について個人的な所感を述べたい。

ドイツを含む多くの海外の人にとって日本のイメージは二つしかない、といっても過言ではないようにさえ思える。大都市の賑わいと近代的な技術がある東京と、古都の伝統と歴史を誇る京都だ。そのほかの地方都市や森林の存在は、あまり知られていない。京都見物と東京での買物を一通り経験した人に森林を案内すると、意外に思うようで、ことのほか喜ばれる。

森林の専門家に限らずドイツ人が日本の森を見た第一印象は、おしなべて、森が比較的暗いということだ。ドイツの森は、「黒い森」という名前の森もあり、暗いと思われがちだが、実際には牧草地や空き地がところどころにあり、開けた風景も多い。それに対し、日本の森は光があまり差し込まないという印象を持たれることが多い。この暗い森というのは、管理が行き届かなくなった結果であったり、もともと日本の森のほうが成長が早い植物が多いからであったり、原因はさまざまだ。ただ、現代のドイツでは明るく光が差し込む森のなかで、レジャーとして、散歩、ジョギング、マウンテンバイクなどが盛んに行なわれるのに対して、日本の森は人があまりいないというのが一般的な感想であり、そのことも暗い印象を強くしているようだ。

一方で、ドイツ人の専門家などが日本の森林を見て新鮮に感じるのは、山の急斜面であっても樹木だけではなく地面に植生があり、起伏などの地形を含めて多様であることだ。「ドイツの場合は、森といったときには樹木の集合としてのいわゆる森そのものと散歩など森のなかの活動に重点が置かれているが、日本では山の起伏とその景観、あるいは庭のつくり方のようなものに関心が強いような気がする」と、ドイツの森林官は語っていた。日本語の「森」という言葉は、語源が「盛り」であり、自然に盛り上がってできたという、「山」に近い意味合いがあり、地域の方言や文脈によっては「山」のことを「森」という場合もある。一方、ドイツ語で森を意味する「バルト（Wald）」のイメージは、急峻な山岳ではなく、なだらかな斜面に広がる「山森」であり、日本の木曽や紀州といったあたりの印象ではないかと、ドイツ文学者の小塩節氏は述べている。

次にドイツ人が日本の森を見て目を見張るのは、その樹種の多さだ。ドイツの森の樹種は、たいていの場合、トウヒ、マツ、カラマツ、ブナ、ナラ、オーク程度である。フィンランドの友人の話では、さらに寒い北欧になると、大半が針葉樹で四種覚えれば事足りてしまうとのことだ。それに比べ日本の森は、スギばかりという一般的な印象とは裏腹に、樹種が多い。もちろん地域にもよるが、日本の森は20m歩いただけで、数十種から数百種の樹木を目にすることも珍しくない。実際、筆者も学生時代に千葉にある演習林で樹種の和名とラテン語名を習った際に、指導の鈴木和夫教授が一つの場所で次から次へと樹種を示しながら説明をし、数十メートル進むのに1時間もかかり、樹種の多さに驚いた経験がある。ただ、もちろん、演習林という勉強のための場であったので一般化はできない。だが、確かに、日本は樹種が多い。その一方で、ドイツの林学者の友人からは、「北陸で案内された里山は確かにすばらしかった。ただ、その地域はごく一部で、そこを過ぎると、ひたすらスギが続いていたという印象もある」という感想も聞かされ、日本の現状をドイツ人から指摘されたようで、ハッとさせられた経験もある。

樹種の数、起伏などの物理的な違いに加え、里山の管理、入会（村落などが森林を共同で所有・利用する制度）、結（労働を出し合うなどの互助的な制度）など、廃れつつあるものの古くから伝わる慣習やしきたり、あるいは最近でも森林組合の運営、地域社会での意思決定方法なども、日本独自のものであり、ドイツ人にとってはなかなか理解が難しい。また、2〜3日の短期滞在であれば、ある種の美化された日本の地域社会を案内されて終わるかもしれないが、中長期に滞在するドイツ人は、現実を知る機会も増え、日本の価値観における森の位置づけに疑問をいだく場合がある。例えば「地方」「田舎」という言葉が使われるときの否定的なニュアンスだ。ドイツでも、森はうっそうとしていて、文明の合理性や秩序が通用しなくなる迷いの場であるが、そこには「畏れ」といった色合いがあり、否定的なニュアンスとは異なる。ましてや「地方」というと、むしろゆとりのある生活の象徴で、肯定的なものだ。日本では、地方社会を里山などと肯定的に捉える一方で、実際には、多くの村が過疎や合併で地図から姿を消していっている。

どの国にも、「自分たちのルーツは自然にあり、調和して生きてきた」といった神話が伝わっており、日本も例外ではない。現代の日本にも、ノスタルジックなイメージの里山はあり、2～3時間の訪問であれば十分に鑑賞に堪えるだろう。だが、数日とか数年も日本にいるドイツ人は、どうも地域社会全体がおかしくなっていると感じてしまうようだ。日本には、意図して使い分けているかどうかは別にして、どうも「建前」と「本音」があるようで、それに気づかないドイツ人にとって、日本の森は迷い込んで道を失ってしまう場であり続けるかもしれない。

参考文献
小塩節（1976）『ドイツの森』英友社

コラム② 借景

日本の伝統的な庭づくりの技法に「借景」というのがある。読んで字の如く、庭の外にある景色（山などの風景や五重塔などの建築物）を借り、それを庭の景色の一部として巧みに利用し、庭の空間に広がりや変化を持たせたり、自然との一体感を感じさせる効果を生む借景は、海外の人にとっては、なかなか興味深いものであるらしい。学会や国際会議で出会う海外の研究者は、ほぼ間違いなく、日本庭園のなかでも借景の話に高い関心を示す。知り合いのドイツ人の地理学者などは、「シャッケイ」という言葉をさかんに口にし、学会の合間に寸暇を惜しんでは庭めぐりをするほどの熱の入れようであった。むしろ私のほうが、借景という言葉にはじめて出会ったのが中学の歴史の教科書であったせいか、肩肘張って鑑賞する高尚な文化と身構えていた。

その私が、友人に連れられ、紅葉の季節に京都市左京区の圓通寺を訪れる機会に恵まれた。古くから文化が栄え、三方を比叡山や嵐山などの山々に囲まれた京都には、そもそも借景で有名な日本庭園は少なくないが、圓通寺の庭はそのなかでも随一との評判もあり、国の名勝にも指定されている。その圓通寺の本堂から庭を眺めると、苔むした庭園の向こうに、まっすぐに伸びた杉の木と、1m60㎝ほどの高さで水平に一直線に続く垣根に区切られる形で、額のなかの絵画のように比叡山の雄姿が望める。比較的簡素な造りの庭園にあって、借景である比叡山が中心的存在となっており、比叡山が最も美しく見える場所として後水尾天皇（1596~1680）がこの地を選んだだけに、四季折々に表情を変える比叡山を眺望する庭は趣きある見事な佇まいを見せている。

観光客に対するアピールをまったくしてこなかった圓通寺は、１９９０年代頃には平日は人影もまばらで、時には貸切状態になるほどのひっそりとした寺であったそうだが、最近は、庭園目当てに訪れるリピーターも多く、随分と賑わうようになっている。ところが、その圓通寺も周辺の環境の変化による現代的な問題に直面している。圓通寺周辺は、京都市の条令で建築物の高さや屋根の形が規制されているが、それでも比叡山と寺の間の建物は悩みの種であり、目障りとなる建物を隠す工夫を施して、借景をなんとか維持しているのが現状のようだ。庭のなかであれば、掃除や手入れでコントロールできる部分もあろうが、借りものの空間に依存して成立している借景となると、さまざまな利害が関係し思うに任せない難しさがある。

優れた景観や文化を維持・保存したいというのは、誰しも願うことであろう。だが、現実となると、種々の利害が絡み、一筋縄ではいかないというのは、世界規模の環境問題にもどこか通じるようである。

Ⅱ

「美しい森」「生きもののいる風景」を取り巻く人間模様

美しい森も、そこにいる生きものも、つながりのなかで生きている。ただ、共有されている風景や資源であっても、それを取り巻く人間模様は多様だ。時には激しい摩擦の火種にもなる森や生きもの。さまざまな場面で使われてきた絵や写真を追いながら、見ていこう。

絵と写真で見る「生きもののいる風景」

生物多様性のイメージは？

「生物多様性」という言葉を聞いて、どのようなイメージを頭に思い浮かべるだろうか。一般的には、「生物」に重点が置かれ、パンダなどの絶滅危惧種の動物あるいは植物を思い浮かべる人が多いようだ。

では実際に専門家はどのように取り組んできたのだろうか。生物多様性という科学的な言葉の響きから、かつては言葉の定義や、種の数などの専門的な議論が先行し、科学的な警鐘が生物多様性条約の成立時に大きな役割を果たした。以来、科学的な警鐘は継続して条約の重要な要素ではあるが、時代の推移とともに、条約の主眼は「紙の上での文言をどのように実施していくのか」という、実践（インプリメンテーション）と、その過程で南北の折り合いをどのようにつけていくかに移行している。つまり、議論の一つの焦点は、先進国と途上国、あるいは利害団体の「ヒト対ヒト」の交渉に移行している。背景にある絶滅種の問題や生息地の悪化は進んでおり、科学的な議論と保全の重要性は今なお大きいが、条約のなかでの議論は時に「目的が保全というより、国同士の駆け引きが優先されてしまっている」と憂慮する専門家もいるほどだ。

さて、ここで一枚の写真を見てみよう。頭上に大量の木の枝を載せた黒人の子どもが、じっとこちらを見ている。上半身は民族衣装のようなものを想起させる。背景は乾いた大地の草原となっている。子どもの物憂げな様子から、干ばつの影響からか、木を集めることにひどく苦労しているのではないかと想像が膨らむ。実は、この写真は生物多様性に関わる専門家の作業部会の会場を案内する写真であった。しかし、この写真を見て、生物多様性を連想する一般人はどれくらいいるだろうか?

図 23 生物多様性条約の作業部会の案内図

このように、「生物多様性」という言葉を聞いたときに、一般の人びとが思い浮かべるイメージと、国連や専門家が使っている写真には隔たりがありそうだ。つまり、一般の人は動植物などの生物多様性そのものを思い浮かべるのに対し、国連などでは、進行中の生物多様性の損失が発展途上国に及ぼす影響を強調する写真が多く使われている。

実際、生物多様性条約に関連する国連の会合において、最近では、言葉の定義や科学的な知見もさることながら、国益をかけた各国間の駆け引きが重大な争点となっている。いいかえると、生物多様性は環境や科学の問題であると同時に、利害が対立する先進国と発展途上国の社会や経済をめぐる外交問題となっているのだ。そうした国連での議論を理解するには、生物多様性に関連して、どのような事象が問題とされ、各国及び関係団体がどのような主張をしているのかを整理していく必要があろう。

国連の作業部会を案内するたった一枚の写真からも、国連や専門家の議論の焦点と一般的認識に違いがあることが読み取れる。

写真コンクールに見る社会現象

写真コンクールでは、それぞれのテーマやジャンル、あるいは地域によって、構図やモチーフに法則のようなものがあるのだろうか？　あたかも人びとの記憶のアーカイブがそこに存在するかのように、繰り返し登場する地域特有の風景や伝統芸能、または日常の生活のひとコマがある。自然写真の場合も例外ではなく、多少の流行もあろうが、類似した構図の写真が出てくる。小さな動植物を拡大したもの、紅葉など季節感を出したもの、田園風景など郷愁を駆り立てるもの、壮大な山や海など自然の驚異を伝えるものなどが典型的な例となろう。生きものだけをとってみても、注目を集める種と、ほとんど登場しない種や部類が存在する。生物多様性の議論とも重なるが、微生物はおろか、昆虫でも害虫といわれる部類の写真は、コンクールでお目にかかることがまずない。

ところで、最近の傾向として、自然写真のコンクールでは、美しいもの、観る人を感動させるものだけではなく、戦争写真のように「厳しい現状や悪化している状況」を伝え、警鐘を鳴らすといったトーンの写真を取り上げるコンクールも増加している。例えば、国連環境計画の写真コンクールの受賞作品でも、牧歌的な風景写真だけではなく、貧困に喘ぐスラム街の風景、干上がった大地に途方に暮れて佇む農夫といった告発トーンの写真も数多く見られる。また、昭和シェル環境財団のように「自分にとって良い環境、悪い環境」と双方を募集するケースもある。

しかし、美醜いずれのケースでも、構図として類似したものが必ず出てくる。過去に筆者が審査に参加した写真コンクールを振り返っても、また各国の写真コンクールの結果を見比べても、アーカイブのようなものが実際に存在しているかのように、類似の構図が多く使われている。その一方で、地域ごとの傾向の違いのようなものも見られる。つまり、国や地域に限定された一種の記憶アーカイブのようなものがあるように感じさせられる。

ただ、国や地域、あるいはジャンルを問わず、共通して非常に幅広く登場し、ほとんどアイコンのようになっている構図もないわけではない。例えば、両手で小さな木の苗木をそっと包み込むような構図は、写真コンクールに限らず、硬貨、絵画コンクール、あるいは広告ポスターでも、実によく登場する。広告であれば、鉛筆など木材をよく使う業種の広告、あるいは「大切に大きく育てましょう」というメッセージを込めてか、銀行預金のポスターにも登場する。

このような「期待通りのモチーフ」が繰り返し出てくるのはなぜか？　写真コンクールの一連のプロセスには、撮影者の意図と選考者の合意という二重のフィルターがかかる。そのコンクールにおいて、同じような構図が登場するのは、共通して人びとの視線を捉えやすいからなのか、撮影者が過去の入選作品などを研究し、主催者や観客の側の意図を推察してのことであるのか、あるいは選考ならびに合意形成のプロセスにおける選考者のフィルターによるものであるのか？　こうした問いかけをしながら、写真コンクールの入選作を見比べてみると、今まで見えなかった側面が見えてくる可能性もある。また、コンクールによく出てくる構図というものに、文化や地域がどのように関係しているのか？　その違いや共通性といったことも、本書で取り上げていきたいテーマの一つである。

開高健の小説『裸の王様』では、男の子が松林などの日本風の風景のなかで、思わぬヨーロッパの童話を描いてしまうエピソードがある。大人からいろいろと干渉や制約を受けていても、大人が事前に設定した枠をはみ出してしまう想像力に、子どものたくましさや健全さを感じさせる話だ。ただ、そのようなユニークさを通常の写真コンクールの審査員が受け入れるとか、活かすということは往々にして考えにくく、合議で賞を与えるプロセスであると入賞を逃すというのが現実にありがちであることも、小説が描いているもう一つの側面ともいえよう。

逆に入賞する賞は、角が取れていながら、何か共通のアーカイブ、期待された要素や構造の組み合わせであるものを含んでいる可能性が高い。

共通の言語としての写真の役割

２００８年の生物多様性条約第９回締約国会議（ＣＯＰ９）を開催したドイツには、生物多様性という難しい用語について非常に明快なコミュニケーション戦略があった。第一段階では、まず感情的な結びつきを感じてもらうこと、そして第二段階ではじめて論理的に、生活や事業と生態系や生きものなどのつながりを考えてもらうというステップを設定していた。

第一段階では、音楽と美しい映像などを用いた手法が用いられ、第二段階では、水や材料を得ることを通じた私たちの生活や事業への影響と生態系とのつながり、あるいは生態系からの恵みを数字や金額などの見える形にしていくプロジェクトが実施された。その第一・第二双方のステップで重要な役割を担ったのが、写真、図表（普及用のイラストや科学的なものも含む）と映像であった。ここでは特に、写真の役割について考えていきたい。

２０００年に国連環境計画（ＵＮＥＰ）の主導で世界環境写真展「Focus on Your World（身近な地球環境へのフォーカス）」が開催され、当時のＵＮＥＰ事務局長であるトップファー氏は開会の言葉のなかで、次のように述べている。

「身近な地球環境へのフォーカス」は、今回の国際写真コンクールのスローガンというだけではありません。個人個人が立ち止まって、地球の健康について思いをめぐらせ、地球の物理、社会、経済、そして精神面の結びつきについて考えることを促すためのものです。

持続可能な未来に向けて、すぐに心をつかむような共通の言葉が必要であり、写真こそがその共通の言葉なのです。写真は、私たちの科学的な発見を彩り、表情を与え、人の視点へと変えてくれる、創造的な活動といえます。環境のメッセージを伝えるとき、写真は考えを呼び起こし、ポジティブな行動と変化へと結びつきます。

写真を科学と感情を結びつける創造的な活動であり、共通の言葉と位置づけている。特に、宗教や文化的な背景、人種や経済状況が多様な国連という場においては、「共通の言葉」というのは重要な響きを持ってくる。

さて、写真コンクールには、160以上もの国々から16690作品のエントリーがあり、そのなかから124の作品が入選作品に選ばれた。そして、その受賞作品は、写真コンクールから2年後の2002年、リオの地球サミットから10年を経て南アフリカで開催された「持続可能な開発に関する世界首脳会議（WSSD）」の主要な会場で展示された。

受賞作品の一つに、ゴミが浮かぶ川のなかで少女が缶などを集めている様子を写したものがある。フィリピンのマニラ湾でドイツ人（Hartmut Schwarzbach 氏）が撮影した作品だ。少女が白いプラスチックの壊れた容器のようなものを持ち上げている。背景に、舟のように仕立てた発泡スチロールに上半身を乗せて岸に近づいてくる男の子が映っており、他にも多数の子どもがゴミを集めていることを想起させる構図となっている。少女の穏やかな表情から、子どもがゴミ回収作業を日常的に行ない、それを違和感なく受け入れている現実が窺える。

パネル展示では、少女を写した作品一点に絞られていたが、実際の作品は三点の写真から構成されている。一点は、遠景からスラム街と化した岸辺の様子を写したものである。岸壁の下のマニラ湾では数人の子どもがゴミ集めをし、岸の上には掘っ立て小屋が立ち並び、その横で母親とおぼしき女性と数人の子どもたちが、岸に這い上がろうとする子どもを引っ張り上げている情景が写されている。もう一枚の作品は、二人の男の子が水に浮かべた木の板に坐り、周りに浮かぶ雑多なゴミを物色して

図24 国連環境計画のパネル展示とスラム街の写真 （南アフリカ・ヨハネスブルクにて）

いる姿を示している。

「環境」をテーマとしているが、同時に貧困や格差もテーマとなっている。国際交渉の会場に何気なく置かれているが、国連では環境と発展途上国地域の開発を一緒に議論していかなければならないというメッセージが込められた展示である。

ところで、写真に代表される視覚化は、環境問題の社会での位置づけと密接な関係がある。一般社会で環境問題に対する意識を高めるには、環境問題をビジュアルでドラマチックに表現することが不可欠であると主張する専門家もいる。もとより、ある現象や因果関係が科学的に解明されるだけでは環境問題とはならない。社会的に広く認識される必要がある。そのよい例が、酸性雨である。雨が酸性となる構造については北欧の科学者によって百年以上も前から解明されていたが、環境問題として、社会で議論されはじめたのは、ようやく１９７０年代になってからのことである。それは、森林が枯れるといった現象が広く認知されることで、社会的な関心を呼び起こしたからである。このように、ある物質が汚染を引き起す構図が明らかとなっても、幅広く議論されるには、現象に対する社会の関心を喚起する必要があり、その点において科学と感情を結びつける共通の言語として写真を活用することは効果的であろう。COP9を開催したドイツはそのことを知っていたのだ。

お約束の絵

環境というテーマで、定番の絵といえばどんなものがあるだろうか？　まず思い浮かぶのは「青い地球」そのものという人も少なくないだろう。「宇宙船地球号」という言葉は、地球環境をテーマにしたテレビ番組のタイトルなど、あちこちで使われ、今では少し手あかがついてしまった感もあるが、そこからイメージされる絵もあるだろう。

1972年にアポロ17号が宇宙から地球の姿を捉えた写真は、衝撃的であった。ザ・ブルーマーブルとも呼ばれるその写真は、地球が丸いということ、真っ黒な空間にぽつりと浮かぶ存在であることを示している。当時、地上では、米国とソ連を旗頭に、世界を二分した覇権争いが繰り広げられてきた冷戦の時代であった。1980年代になっても、日本の当時の首相・中曽根康弘氏が「日本列島を不沈空母に」と米国大統領に発言するなど、ソ連など共産主義圏への警戒感は強かった。そのような対立のなかで、地球は一つであり、人類はそれを共有していること、あるいはお互いににらみ合っていても共有せざるを得ないことをも意識させる一枚の写真であった。そのような経緯もあってか、「世

図 25 非政府組織団体のパネル（南アフリカ・ヨハネスブルクにて）

図 26 ブラジルの企業 セントフローラ社のパンフレット ⓒ Centroflora

界で最も流通している写真の一枚」とまでいわれている。

ただ、流通していく過程では、壮大な宇宙プロジェクトという背景は省略され、なんとなく馴染みのある、アフリカがまんなかにきている地球の写真というぐらいにしか思われなくなっていった。流通のプロセスで、世俗化が進んだのだろう。現在でも、地球の写真が使われているものをよく見てみると、米軍の報告資料から映画や投資のパンフレットにいたるまで、同じモチーフの写真が多用されている。

環境を題材にした図像で、使うことがお約束にでもなっているかのように広く流通している、いわゆるお決まりの絵は他にもある。森や木、あるいは大自然のイメージもそうだろう。また、人間の関与を感じさせるものもある。そのなかで、何かをすくっているように両手を上向きにお椀のような形にしたなかに苗木や種が入っているモチーフは、いろいろなところで頻繁に見かける。手のなかのものを大事そうにしている構図は、手荒く扱ってしまうと壊れてしまう環境というイメージを流布するのにぴったりであったことが大きいのだろう。また、手の存在で、人間が世話人として面倒をみていくというスチュワード

図 27　色鉛筆などで有名な文房具大手のファーバーカステル社の広告
Ⓒ Farber-Castell

シップを想起させるのは、キリスト教的な色彩が強い。壊しても自ら揺り戻して再生するという、「自然」という言葉の由来とは逆に、バランスを崩してしまうと戻せない、そっと扱わなければならないものというイメージが強くなる。

　ただ、環境の図像とはいっても、そのモチーフは環境以外の場面でも盛んに用いられている。「そっと扱う」というところから派生した、大事に育てて大きくするというニュアンスからか、ドイツの銀行が定期預金の広告に使っているのを見受けたたし、通貨がマルクの時代には、硬貨にも苗木のモチーフが使われていた。また、育った木材を使うという意味から、色鉛筆の広告でも使われている。

　待ち時間や暇つぶしに、駅や電車などで広告やポスターを眺めることはあるだろう。その際、環境のものに限らず、馴染みの絵だと何となく見過ごしてしまうものだが、その絵がはじめてでも違和感なく感じられるのはなぜなのか、以前に同じモチーフをどこかで見たことがないか、あらためて考えたり、調べてみると、思わぬ発見もありそうだ。

「美しい森」にまつわる人びと

米加の貿易紛争

日本では、近隣諸国やオセアニアの国々と貿易をめぐってさまざまな話し合いが進行中だ。経済連携協定（EPA）、環太平洋戦略的経済連携協定（TPP）も、実像や解釈は定かでなくとも、言葉としては、すっかりお茶の間に定着した感がある。ただ、貿易をめぐって揺れ動いてきたのは日本だけではない。また、喧嘩に近い激しい論争にまで発展してしまうのも、日本と米国や中国だけではない。実は世界で貿易が一番盛んに行なわれているカナダと米国の二国間でも、「紛争」というただならぬ言葉を使った貿易問題が長らく続いてきた。

カナダと米国は、仲のよい隣国というのが世界共通の認識であろうし、米国国務省も「世界でおそらく最も親密で広範な関係」と認めている。実際、両国は自由貿易と民主主義の推進、対テロ対策など多くの面で価値観を共有し、外交上親密な関係にある。その親密さは両国の貿易高にも顕著にあらわれており、米国議会への専門家のレポートによれば、2006年には5337億ドルと5000億ドルの大台に乗り、一日換算で約15億ドルと、世界最大の自由貿易が行なわれている。

とはいえ、こうした友好関係にも例外はあり、実は大喧嘩が繰り返されてきたテーマがある。米国国務省のサイトによれば、米加貿易の全体品目の98％は問題がないと仲の良さが報告されており、問題となるのはわずか２％にすぎない。そのなかの最たる項目として70年代から30年以上も両国が対立を繰り返し、貿易上の紛争にまで発展したのが、針葉樹製材貿易である。

貿易収支では、２００５年以降、カナダが７００億ドル以上の大幅な黒字を続けている。なかでもエネルギー分野の輸出は高い比率を占め、米国で需要される石油の17%、天然ガスの18%を供給している。この多額の黒字を理由に、カナダ連邦政府は針葉樹の木材をめぐる長年の摩擦よりも、金額が大きいエネルギー分野を含む貿易全体を優先させてきた。結果として、針葉樹などの貿易で多少の問題や不満があっても、米国に対する報復措置に消極的であった。また、カナダ国内でも、アルバータ州をはじめとし、主要な輸出項目である石油・天然ガスのエネルギーを産出する州は、針葉樹製材紛争に深く関わってくるブリティッシュ・コロンビア州などとは利害が異なり、そうした国内事情が問題をさらにややこしくしている。日本でいえば、畜産が盛んな九州南部と、サービスなどがより盛んな東京とでは、随分と事情が違うといったようなことである。

図28　米国とカナダの間で火種となった針葉樹からの木材（カナダ・モントリオール）

カナダはこのような複雑な問題を実際にどのように扱ってきたのか？　米国とカナダの認識の差となっていた「雇用の場」として林業がどのように表現をされているかに着目しつつ、日本のＮＨＫに相当するカナダの公共放送ＣＢＣアーカイブを調べて研究をしたところ、見えてきたことがある。アーカイブを見比べると、１９９７年１月が転機となっていることが分かる。それまで紛争の要因は主に米国の国内事情（保護主義、林業界の圧力）が大きいとしてきたのが、その時点を境に論調が変わり、カナダにとっての主権に関わる政治的な課題として扱い、雇用の問題についても、潜在的な問題としてではなく、実際に起きている現象として実写を入れて放映するようになった。

また、専門家や交渉官の間では中心的論点であったにも関わらず、放映されない項目も存在した。例えば、専門的で難解とはいえ、米加針葉樹製材貿易紛争の政府間のみならず国内でも論争の主眼であった「課税の算出方法」や「立木伐採料の設定と補助金の定義」に関して、アーカイブの放映では詳細が省かれ、「米国は補助金とみなす」ということに対する専門家の賛否や実務家が結論として出した意見のみで、根拠となる算出方法や定義は報道されていない。また、90年代にブリティッシュ・コロンビア州が米国に輸出を増やさざるを得なくなった背景には、アジア通貨危機によるアジア地域への輸出不振もあったが、そうした背景については報道も解説もされず、同州を中心とした国内の失業者数の増加や製材所の閉鎖といった苦境のみを伝えていた。このように重大な背景であるアジア経済危機、あるいは補助金の定義や詳細については省略し、雇用の場とか国家の主権などをテーマ化して、明確なメッセージを打ち出すための単純化が、テレビでもラジオでも行なわれていた。

一方で、米国とカナダの両方の視点とか論点へ賛否両方の意見を紹介するというバランスへの配慮はなされていた。だが、地域の実情の紹介は製材所の経営者の意見が多用され、雇用の表象とリンクして伝えるケースが目立った。

1997年を契機に、カナダでは針葉樹貿易問題が、中央政府のレベルでは自然資源管理の主権という問題、地域レベルでは雇用の問題としての認識で報道されるようになっていった。映像を交えたアーカイブで歴史的な貿易摩擦問題を追っていくと、公共放送という空間でも、必ずしも冷静な客観的報道がなされているとはいえない。むしろ、ある種の単純化が行なわれていたことが分かる。

なお、これまでに針葉樹製材の他にも、牛肉、豚肉、トウモロコシ、小麦などの農作物、腐食防止鉄鋼の工業品などで貿易摩擦が起きてきたが、問題となるのは両国の報道や世論において感情的な反応を招きやすい品目が多い。また、バード修正条項（ダンピングや補助金に対して米国が講じた対抗措置）、知的所有権（IPR）などの法制度や文化的要因をめぐっても、貿易上の紛争が起きている。「文化産業保護政策はカナダが国家アイデンティティ維持のため重視している独自の政策」という指摘もあり、NAFTA（北米自由貿易協定）が社会・経済政策の独自性を喪失させるものであってはならないと、カナダは強く主張している。仏語を公用語とする州もあるが、多数の州が米国と共通の英語を公用語としているカナダでは、テレビ番組、広告、雑誌などのマスメディアが米国経済の影響下となることに対する拒否反応や警戒感があり、そこから講じられた予防策が、知的所有権や文化の項目で米国との摩擦を生む原因となっている。ちなみに、木材を原料とする製品でありながらも製紙については、100年以上も前に、当時の米国の新聞業界がカナダ政府へ圧力をかけたことが推進力となってか、米加でほぼ自由貿易に近い状態が確立されており、針葉樹木材との対比が際立つ。「紙についてはほぼスルーパスだが、木材は違う」というのは、傍目からは理解に苦しむが、それぞれの国の産業、雇用、文化への威信などに絡む複雑な事情があることが読み取れる。

米国とカナダは、日本人の目からすると非常に成熟した二国間の関係に見えるが、現実には紛争にまで発展する摩擦から水面下での対立もあり、まったく齟齬のない親密な関係とはいいきれないようだ。そして、国家間のみならず、それぞれの国内事情も複雑に絡み、さまざまな駆け引きが行なわれており、自然資源の保存や持続的な利用ですら交渉のツールの一つとなっている。

参考文献
香坂玲（２００９）「米加針葉樹製材貿易紛争の利害構造と報道にみる『雇用の場としてのカナダ林業』の変遷」『林業経済研究』55巻3号 pp. 23-34

読みの南北差

熱帯雨林の保全をテーマとした公共広告を日本人の学生と日本に留学中のインドネシア人学生に見てもらい、反応を比較したことがある。国際的な駆け引きの場において、国と国、とりわけ先進国と発展途上国の意見に大きな隔たりがあるように、日本人とインドネシア人では、同じ映像を見ても、見え方に違いがあるのかに注目した。

題材として使ったのは、実際に両国で放映され、広告賞を受賞した「インドネシア森林共同体／インドネシアの森林保護」という合計で１分半程度の短い３篇から構成されるＣＭ（注３）である。そのＣＭ映像を日本人学生とインドネシア人学生のグループに別々に見てもらい、視聴後に、やはり別々に感想を述べてもらった。続いて、「自分たちが製作者であれば、どのように表現を変えていくか」という点について議論してもらった。

図29　インドネシア森林共同体の広告。広告賞も受賞した

　視聴題材のＣＭは、熱帯雨林を背景に、色とりどりの動植物が、２、３秒程度の間隔でテンポよく切り替わりながら映し出される（図29）。日本とインドネシアの両国で放映が予定されていた関係からか、言葉は画面上の文字だけで、人の声によるメッセージはない。音響的には、徐々に盛り上がっていく音楽とともに、時折、鳥や動物の鳴き声が入る展開で、最後は静かに文字を読ませる構成となっている。

　その最後に登場するメッセージは、熱帯雨林の価値を訴えた上で、熱帯雨林が危機に瀕していることを伝えている。さらに、その危機がどのように人間に跳ね返ってくるかを示しながら、明るい側面としてインドネシアでは森林保全が行なわれている事実を伝え、それが世界のためになるという方向で収斂していく。基本的に、「保護価値」→「危機」→「人間社会への影響」→「自国の保護活動のＰＲ」→「世界のため」という流れは、３篇とも共通している。

　では、実際に日本人学生とインドネシア人学生の見え方に違いがあったのか？　ＣＭ視聴直後の感想としては、日本人グループも、インドネシア人グループも、映像美や体験としての新鮮さを挙げ、まずは好意的な反応を示した。インドネシア人から、国民として熱帯林の映像を誇りに感じるという感想もあったが、両国の学生が最初に示した反応は似たようなものであった。

その後の議論では、日本人グループにおいては、素人がCMを批評することの限界、プロの完成度が高すぎるといった、CM批評に対する敷居の高さが話題の中心となった。その他、「観光業と環境保全のどちらが目的なのか不明」といった製作意図の不明確さ、CM製作者としての情報不足などの指摘もあり、比較的CMという題材に終始した議論となった。感想としても、「他の学生と議論したことが新鮮であった」「これまで映像やCMに受動的であったことを自覚した」など、方法論や題材としてのCMに関するものが多く、熱帯林地域における観光業の振興や貧富の問題に触れた学生もいたが、総じて熱帯林や環境に関する踏み込んだ発言は少なかった。

いわゆる先進国に属する日本の学生にとっては、「貴重な熱帯林は保全される対象」ということが自明の前提であり、それを訴えたCMの論理構成や内容に対しては疑問をいだかず、自ずと議論に発展することもなかったのだろう。

一方のインドネシア人グループは、最初は好意的に受け止めていたCM映像が、議論を進めていくに従い、現実の課題を反映していないもの、自然ではなくリアリティに欠けるものと映り、CMの熱帯雨林の表象としての適切さや代表性に対する疑問、自らの体験との比較などが提示され、熱帯雨林という内容に関する活発な議論が展開された。具体的には、最近の森林火災、破壊の進行速度、違法伐採の問題といった熱帯雨林の「負の側面」への言及の欠如が指摘され、「熱帯雨林の『本当（real）』の状態」という言葉が繰り返された。１９９８年の森林火災の体験、火災後に熊が餌を求めて通常は食べない樹種まで食べていた話など、非常に具体性に富む話題も提供された。

インドネシアは、英語でとても大きな生物多様性を抱えていることを意味する〝メガ・ダイバース〟という形容詞がつく国の一つであり、生物多様性の宝庫である熱帯雨林の現状が大きな注目を集めてきた。そのインドネシアの学生にしてみると、熱帯雨林の保護価値には同意しつつも、その映像が現実の課題を反映していないもの、自然ではなくリアリティに欠けるものと映ったようである。

このように、学生のレベルであっても、先進国と発展途上国の間には受け止め方のトーンに違いがあるが、国と国とが駆け引きをする国際交渉の場ともなると、その違いは歴然とする。例えば、2010年に名古屋で開催された生物多様性条約のCOP10でも、日本を含む先進国と呼ばれる国々と、インドネシアなどの発展途上国と呼ばれる国々の意見はなかなか一致しなかった。

熱帯雨林など重要な生息地を多く抱えている発展途上国は、人材や組織、経済的水準の格差である「南北問題」、あるいは植民地支配といった歴史的な経緯から、先進国から生物多様性の保全を声高に求められることに反発してきた。自分たちも先進国同様に、自国にある資源を上手に使って経済発展をしていく必要と権利を訴え、先進国が地球全体のメリットから保全を求めるのであれば、先進国側から技術や資金の提供があってしかるべしという主張を繰り広げてきた。そこからは、保護価値を打ち出す先進国と、費用負担の要求と権利を訴える途上国との対立の構図が浮かび上がる。

熱帯雨林を題材にしたCM映像に対する日本人学生とインドネシア人留学生の読みの違いは、生物多様性や熱帯雨林をめぐる国際的な議論における先進国と途上国の対立の一端を示唆している。メッセージや映像に接した際に、自分にとっては自然で自明な表象であっても、実は多様な読み方があることを認識し、立場の違いを理解することは、こうした対立を解決する糸口の一つとなるのではなかろうか。

注3 1995年ACC賞受賞作品。日本では1994年にフジテレビによる森林伐採に関する番組の際に放映され、それぞれが30秒の三部構成となっている。番組のあいまに、三パターンがそれぞれ一回のみ放映されるという「一回打ち切り型」の特殊なCMでもあった。一方、インドネシアでは、通常の番組で複数回放映された。主体となっているインドネシア森林共同体は、現地の林業・製紙企業を中心とした団体である。関係者の話では、CM作製にはインドネシア政府の後押しもあったとのことである。

参考文献

香坂玲（2005）「メディアと熱帯雨林の表象：視聴者の受容についての試論」日本熱帯生態学会ニューズレター No. 16 pp. 9-13

香坂玲（2007）「熱帯雨林の映像をめぐるオーディエンスの南北差」山田奨治編『文化としてのテレビ・コマーシャル』pp. 214-215 世界思想社

動物をめぐる抗争

2011年にエジプトやチュニジアでは大衆デモが長期独裁政権を崩壊にいたらしめたが、かつて欧州での環境運動も大衆デモや過激な行動を伴いながら発展した。例えば、原発への反対運動なども、人数を動員して抗議活動を行なってきた。しかし、1980年代の後半にかけて、活動を政策提言型へと方向転換を図り、結果として衝突行動も沈静化に向かった。オイルショックなどによる景気の低迷も背景にあったといわれる。

ただ、例外はつきもので、依然として衝突しがちなテーマも存在する。例えば、実験や狩猟における動物の扱い、動物とその消費活動に関しては、今なお賛成派と反対派が衝突する構造が続いており、国際的な緊張を生むことも多い。日本も当事者となっている捕鯨、北米先住民族の漁食文化、イスラムのラマダンの際に行なわれる羊の生け贄などは、環境分野のNGOなどから槍玉に挙げられたり、国際会議で国家間の激しい駆け引きが行なわれたりと、衝突が繰り返されている。これらの問題は動物と人間の関係を議論しているようでいて、実際は、宗教、文化、人種、階級など、人間同士の対立が根底にあることが多い。

イギリスの動物福祉をめぐる動きも例外ではない。キツネ狩りを例にとっても、「キツネ‐人間」の関係性よりも「保守党‐労働党」という政党やその支持団体の対立軸に焦点を当てて、議論を紹介することも少なくない。そのプロセスでは、「我々(we)」と「彼ら、奴ら(they)」の線引きをして、相手方の陣営を非難し合う議論が行なわれることがある。テレビや新聞では、映像や写真などの視覚的な題材を活用しつつ、キツネ狩り支持派はキツネ狩りが英国の伝統であることを「理解する我々」と「理解しない彼ら」という構図で論理を構築している。対するキツネ狩り反対派の論理では、動物の尊厳と狩りの残虐性を「理解する我々」と「理解しない彼ら」という構図となりがちである。

このような動物の扱いをめぐる衝突には、アニマル・ジオグラフィー、生命倫理、ディープ・エコロジーなど比較的新しい分野を中心に、学術分野も関心を寄せている。その事例研究の多くは、動物の権利や解放といった「人間‐動物の関係」ではなく、動物をめぐる「人間‐人間の関係」を主題としており、動物をめぐる衝突というのは、人間社会のさまざまな団体の種々の思惑が絡む構造となっていることが示唆されている。

動物に関わる議論は世界各地でまさに現在進行形で行なわれているが、イギリスにおいては、表1にあるように、その歴史は２００年近くに及ぶ。まず、ウシなどの家畜を保護する目的のマーティン法が１８２２年に制定された。当時、炭素菌の培養や狂犬病のワクチンの開発など医学の進歩がめざましく、動物実験が盛んに行なわれるようになったのと平行して、実験動物の福祉への意識も高まり、動物虐待防止や痛みを伴う実験解剖反対などを主張する団

1822年	マーティン法
1824年	王立動物虐待防止協会（ＲＳＰＣＡ）設立
1872年	ビクトリア・ストリート協会（フランシス・コッブ） 王立生体解剖委員会
1876年	動物虐待法、生理学会設立
1878年	英国生体解剖廃止同盟（ＢＵＡＶ）設立
1911年	動物保護法、国民保険法
1914年	ＭＲＣ設立に対する抗議
1919年	イヌ保護法案　―　最初の試み
1954年	動物福祉大学連合が「人道的動物実験手法の原則」を発表
1986年	動物（科学的処置）法
2004年	狩猟禁止法（キツネ狩り禁止法）が成立
2006年	新・動物福祉法が成立

表1　英国における動物福祉の歴史（ブライアン2004より筆者が改変）

体が設立された。なお、それから半世紀を経て、１８７６年に動物実験を規制する法律が世界に先駆けて制定されたが、その背景には動物愛護というよりは、当時の研究者が動物福祉団体に起訴されることを防ぐ意図があったようだ。

さて、動物愛護・福祉の意識が高まるとともに、イギリスの伝統であるキツネ狩りにも異を唱える声が高くなり、キツネ狩りの賛否をめぐって喧々諤々の議論が長く続いた。そして、ついに２００４年、野生のキツネやウサギを猟犬で追い立てる狩りを禁止した「狩猟禁止法（キツネ狩り禁止法）」が成立したが、法案が下院を通過した際には、大規模なデモ行進や国会乱入事件まで起こり、イギリスの伝統としてキツネ狩りを主張する声は依然として根強い。そのため、伝統行事としてキツネ狩りを大々的に行なう慣わしとなっている12月26日には、同法施行後、飼育されたウサギを野生のキツネやウサギに代用して狩りを行なうという妥協策が図られた。同法には、野生のキツネやウサギという対象と猟犬で追い立てるという手段の二つに規定があり、それが逃げ道となったわけである。

その後、野生の動物だけではなく、「ペット」なども対象とした新・動物福祉法が２００６年に成立した。20以上の動物福祉関連の法令を一元化した同法では、事前に動物の苦痛や痛みを軽減する措置を特に強調している。動物の断尾、断耳、戦わせることなども禁じており、不必要な苦痛を与えた場合は、最大で禁固51週間、罰金２万ポンド（約３００万円）を課すとしている。さらに、それまでは家畜動物にしか適用されてこなかった福祉や苦痛の軽減について、ペットとして家で飼われている動物についても、その措置を義務化した。また、同法の審議の時期と重なって、イギリスの国際動物福祉基金（ＩＦＡＷ）が、「サルなどの霊長類はペットにふさわしいか？」という調査も実施するなど、どのような動物がペットに適しているのかという議論も行なわれている。

こうした動物福祉に関連する法律からも明らかなように、イギリスにおける議論では、痛みを感じるかどうか、苦痛をいかに軽減するのかが論点となっている。キツネ狩り禁止法案の際にも、大きな論点となったのは、キツネ狩りでは猟犬によって追い立てられることでキツネが痛みを感じながら殺されるという点である。

かつて、イギリスの保守党議員と労働党議員のキツネ狩り論争を取り上げた番組が日本で放映された。双方のいい分のなかでも特に注目されるのは、地元の人びとの生活、野生動物の個体数の管理などを列挙してキツネ狩りの必要性を主張する保守党に対し、労働党がキツネ狩りは品位がない行為であり、キツネにも無意味な痛みを与えるという論拠で反論している点である（表2にその主張の概要を示す）。他にもイギリスでは、動物が感じる痛みについての論議は活発であり、その軽減を行なう運動の事例も多い。極端な例では、「魚も痛みを感じる」という報道がなされた直後に、釣りをしていた人が後ろから殴られるという事件も発生している。

キツネ狩り論争はイギリス国内でのことであるが、動物観の「痛み」や「命」など力点の違いが、時には国の垣根を越えて大きな摩擦にまで発展するケースも少なくない。動物実験を請け負ったイギリスの会社と依頼主の日本の製薬会社に対し、動物実験に反対するイギリスのグループが２００３年から２００４年にかけて起こした大規模で過激な反対運動などは、その典型的な例であろう。

キツネ狩り論争にしても、動物実験反対にしても、運動の過程において、パンフレット、写真、映像等の視覚的資料が大きな役割を果たしてきた。配布される資料の量も種類も豊富であるが、経路も

【野党】保守党　影の内閣・田園地域担当相　ジェームス・グレイ議員	【与党】労働党　スティーブン・ポンド議員
イラク問題で困難に直面しているブレア首相は、キツネ狩りを利用し、大切な政治問題から人びとの目を逸らそうとしています。自らを古きよき社会主義者だと称する首相は、キツネ狩りを上流階級の遊びと決めつけ、禁止することで、労働者階級の支持を取りつけたいのです。	労働党は与党になって以来、一貫してキツネ狩り禁止を訴えてきました。下院で禁止法案にこれだけの賛成票が集まったのははじめてです。党がなすべきことは、それこそ山ほどありますが、キツネ狩りは他の問題と同じくらい大切です。もう7年も働きかけており、そろそろ禁止されるべきでしょう。
労働党がキツネ狩りで思い浮かべるのは、乗馬服を着て馬に乗り、田舎を闊歩する貴族のことだけですが、それは間違いです。彼らはキツネ狩りに従事する農村の人たちや野生のコントロールのことなど一切考えていないのです。	キツネ狩りは中世の面影を残す、意地の悪い野蛮な行為で、参加する人びとの品位をおとしめるだけでなく、キツネにも、無意味でいわれのない痛みを与えます。
キツネ狩りはイギリスのライフスタイルなのです。私たちは何千年も犬や馬を使って狩りをしてきました。労働党がたまたまキツネ狩りを嫌いだというだけで、突然禁止するのは間違っています。	二階建てのバス、赤い電話ボックス、笑顔のおまわりさんと同じように、キツネ狩りも伝統だというのでしょうか。しかしイギリスの魅力は歴史だけではありません。この国は博物館ではないのです。歴史のなかに埋もれてはいけません。伝統に敬意を払いつつも過去に縛られず、よりよい生活と躍動する社会を築くべきなのです。

表2　キツネ狩りをめぐる保守党と労働党の主張（NHK「街角アングル」2005年放映より）

手法もさまざまなものが利用されている。例えば、動物実験を行なう会社の前までデモ隊が大挙して集まり、直接的な抗議運動が行なわれた際にも、集合の呼び込みにはインターネットが盛んに利用された。あるいは、キツネ狩りの時期に集中して、街の市場やショッピングセンターなどにスタンドをたて、一般市民に署名を求めたり、情報を普及させる冊子を配布したりといった行動も見られた（図30）。配布の際にも、立ち止まって、冊子を手に取ってもらう工夫として、政治的なマンガ、ドキュメンタリー風の写真、告発風の写真など、目を引く視覚的題材が巧みに活用されている。ブレア首相（当時）の戯画、実験動物を扱う科学者や製品の名前などが識別できる図を

図30 街頭のスタンドで動物福祉・キツネ狩り反対を訴える団体

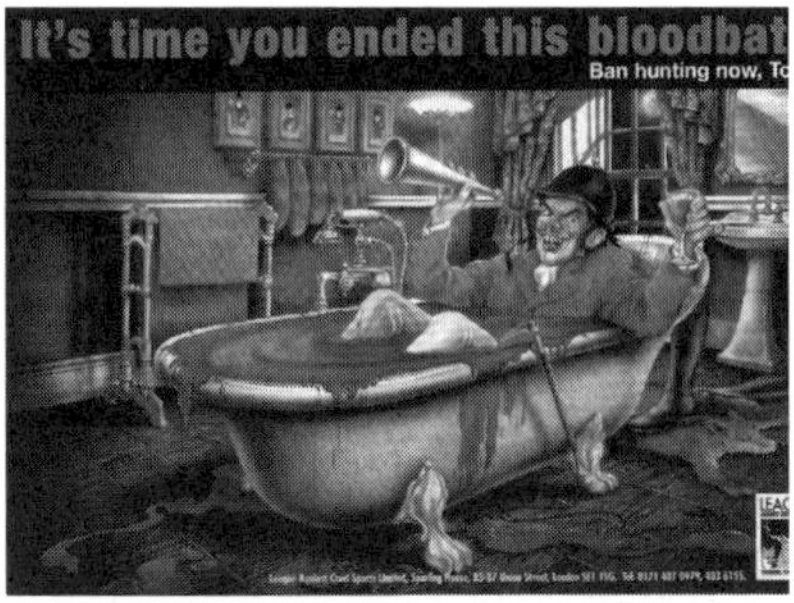

図31 キツネ狩り反対の戯画チラシ：首相を模した人物が、キツネの血の風呂に

用いた告発もある(図31、32、33)。また、動物実験反対運動を行なっている団体はウェブサイトで、日本の軍国主義を想起させるような旭日旗の上に「日本の会社は動物を殺している」と大きく書いて告発している(図34)。その他、養鶏場や肉の加工工場などに潜入して隠し撮りした映像なども配信されている。バックの音楽も恐怖心を煽るようなものとなっており、興味を惹くこと、目を引くことにかなりの比重が置かれている。

このように科学者、政治家、国などをターゲットとする直接的な表現が目立つが、そうした視覚的資料は主張を行なう団体にとって、目を引く、立ち止まってもらえる、興味を覚えてもらえるという利点がある。同時に、動物福祉を理解する「我々」と理解できない「彼ら」という線引きができ、発信する側と同じ主張をもった見る側の人間に連帯感が生まれる利点もある。反響、支持、寄付金などを必要とする団体にとって、一般の人びとの理解と連帯感、さらにマス・メディアの注目などがキャンペーンの成功の可否を握っていることも、視覚的に注目を集める行動と資料を重視する要因の一つにもなっているようだ。

そうしたことから、インパクトを強くすることに重点が置かれ、

図 32　動物実験反対のチラシ　科学者にターゲットを絞っている

図 33　動物実験反対のチラシ　個別の製品にターゲットを絞っている

自分達の主張を理解できない他者としての「彼ら」は、極端に単純化される。「彼ら」は政党、科学者、日本企業という大枠で括られ、集団内部の違い、事業の背景や必要性について取り上げられることはまずない。ニュースレターなどの原稿を見ても、異論についても取り上げようとする姿勢はまれである。

一方、商品のボイコット運動や意識啓蒙の動きには、米国を中心に新しい傾向が見られるようになってきた。例えば、環境に配慮しない企業に融資した銀行に対する反対キャンペーンを展開していたある環境NGOは、銀行が環境憲章や声明などの形で改善の姿勢を示すと、即座に「よくやった」という賛辞のキャンペーンを打った。従来の運動は反対キャンペーンやボイコットで終わってしまうのがお決まりのパターンであったが、行動や方針を変更した会社に対しては賛辞を送るという新しいスタイルが生まれつつある。環境に配慮した木材の輸入などに関しても同様に、方針変更や実施を行なっていない企業などには反対運動を、行なった企業には賛辞をという、アメとムチのメディア戦略が取られる傾向が出てきた。

今後、このような動きが動物福祉や実験動物にも広がっていくのだろうか？ 賛否がはっきりと分かれ、身近で心情的なテーマであるだけに、異論を認めるとか、方向転換に対して賛辞を送るといった融和の動きについては、予断を許さない。現段階では、視覚的題材にしても全体像を伝えていこうという姿勢ではなく、恣意的に取りだされた図像や映像が流布されている。キツネ狩りでは血や死骸など、実験動物の扱いではマスクで顔を隠した科学者や充血した動物の目と製品など、狩猟や実験を行なう者の残酷さが一方的に強調され、とにかく注意を引こうとする写真が前面に出ている。そうした手法は、関心を持ってもらう取っかかりとしては有効であろうが、奥行や広がりを求めるには不十分であり、反対運動自体も単調となってしまう危険性をはらんでいる。例えば、動物実験を行なうことの道徳的な議論、そのメリットとデメリット、あるいは狩りを中止することによる地域社会と経済への影響など、広い視点に立った議論や主張を冊子などで伝えることを検討するなどの姿勢が、今後は必要で

図 34 ウェブ上に掲載された NGO のバナー（2004 年）

あろう。また、反対する相手が方向転換や行動を変えた場合、賛辞や認定をするのかどうかも含め、どのような態度を取るのかを明らかにしていく必要も出てこよう。たとえ感情に訴える視覚的な資料を「立ち止まって見てもらう」取っかかりとして今後も利用するにしても、自分たちとは異なる主張も掲載するといった、部分的に相手の主張を認める団体が出てくるかが注目されるところである。
捕鯨や動物実験など動物をめぐるテーマでは、日本は欧州のNGOなどからとかく悪者扱いされている。感情的な反発もあろうが、生活習慣、文化、宗教観などの違いを踏まえた上で、相手がどのような論理でどのような映像を構築してその訴えを展開しているのか、冷静に振り返り、分析し、対応していくことが求められよう。

参考文献

中川志郎（2004）『物と教育：その見方・考え方を探る　現代日本人の動物観』（財）日本動物愛護協会
佐藤衆介（2005）『アニマルウェルフェア：動物の幸せについての科学と倫理』東京大学出版会
Times（2003）"Japanese firms face animal protest violence", April 25, 2003
ブライアン・キャス（2004）「英国における動物実験（1）：現状とハンティンドン・ライフサイエンシズ社の対応」LABIO21　pp. 16-22
NHK（2004）「〝キツネ狩り禁止法案〟に揺れる国～イギリス」BS放送　2004年11月13日放映
イギリス環境・食糧・地方事業省　（2005）プレスリリース「PUBLIC TO HAVE THEIR SAY ON PRIMATES KEPT AS PETS」2005年6月8日　http://www.defra.gov.uk/news/2005/050608a.htm

ドイツの森林官

猟師に仕留められたイノシシやシカがずらっと並ぶ光景。そんな写真を見たら、どう思うだろうか。残酷で、かわいそうと思う人もいるだろう。あるいは、畑を荒したり、苗木を食べたりする野生生物に頭を痛めている里山の現状を思うと、「仕方がない」と感じる人もいるだろう。

実は、これは国連環境計画（UNEP）が環境をテーマに定期的に開催している写真コンクールに10年ほど前に登場したドイツの写真である。この写真を見た筆者の第一印象は、何の違和感もなく、「あぁ、野生動物の管理の重要性を分かってもらうための写真だ」というものだった。つまり、「狩猟は必要で大事な活動」というメッセージが込められていると、直感的に思ったわけだ。

ところが、他の写真を見ていくうちに、その写真だけ雰囲気が異なるようで、違和感を覚えはじめた。他の居並ぶ写真は、例えば子どもが干上がった湖に座っているもの、川の底に溢れる粗大ゴミなど、どれも環境の危機をテーマとした題材ばかりであった。そこで、例の写真を見直してみると、これは狩猟を肯定するのではなく、反対に趣味のハンティングへの告発を込めた写真なのだと思いいたった。

確かに、多くの欧米諸国と同様にドイツでも、狩猟に向ける社会の視線は微妙だ。そもそも、かつては貴族など特権階級の趣味として盛んだった狩猟が、だんだんと衰退しつつある。レジャーが多極化したこともあるが、何よりお金と時間がかかり過ぎるというのが主な理由だ。装備などにお金がかかるのに加え、狩猟をする権利の売買やクラブであれば入会金のようなものがあり、それがかなり高額となる。また、時間もかかる。短時間で動物を仕留めようとすれば、野生動物の数を増やす必要が

図 35　営林署に飾られている鹿の角

図 36　壁一面の角や剥製

ある。だが、動物を増やせば、苗木や幹を傷つけてしまい林業や農業への悪影響が出てしまう。かわいそう、あるいは環境保全という理由もあるが、このような経済的理由や社会情勢からも、ドイツの狩猟も厳しい現実に直面している。

もう一点、重要なのは、社会が狩猟をする人びとに向ける視線の変化だ。それによって、森林を管理する森林官を取り巻く状況も様変わりしてきた。かつて、森林官は森林を所有する貴族や地主の子弟も志望する憧れの職業で、森林官を主人公にしたテレビドラマが人気を博するほどであった。森林を管理するための権限が与えられ、いわばエリートに属していた森林官も、最近では、森林内のできごとをコントロールするだけでなく、環境保全団体や一般市民の声にも耳を傾けながら、広報や教育を行なっていく必要も出てきている。さらに、自分たちは森林を熟知している専門家だという自負と、世間で高まる一方の環境への配慮や関心との折り合いをつけながら、さまざまな人と対話し、要望にもこたえていかなければならない時代となっている。しかも要望はさまざまで、自然に近い林業を望む声もあれば、一方では散歩やマウンテンバイクなどレジャーで森林を利用したいという要望もあり、利害が交錯する。例えば、レジャーで利用する人は、光が入る明るい森を望み、そのためには間伐が必要となるが、自然に近い林業を主張する人は、そうした人手が入ることに反対するだろう。そうした相反する要望を聞きつつ、合意形成をしていくことは、森林官にとって難しい課題となっている。なかでも難しいのが、狩猟の問題だ。林業に携わっている人にしてみると、野生生物が増えすぎると、新芽を食べられるなどの被害が大きくなり、野生生物の数をコントロールするための狩猟を望む声は高い。ところが、コンクールに出品された写真が示唆するように、環境への関心が高い都市部を中心に、昨今の風潮として、狩猟は「悪」というイメージが広がりつつある。その一方で、森林官の職場である営林署などには、今でも無造作に剥製や角が飾ってある（図35）。あるいは、ちょっと田舎のレストランに入ると、壁一面に角の飾りがかかっているのも珍しくない（図36）。地域や職業によって、まだまだ狩猟に対する見方は大きく分かれているということなのだろう。それだけに、森林官は難しい判断を迫られているといえよう。

イギリスのキツネ狩りのように、社会の格差や倫理的な観点などから同じ国内でも報道機関や国会で意見が激しく対立する場合もある。あるいは、日本の里山での獣害問題のように、都市部の人間にとってはどこか他人事であり、報道が取り上げることも限定的だが、地域社会にとっては切実で日常的な問題になっている例もある。

森林とそこにいる動物の扱いをめぐっては、それぞれの社会で立場や利害の違う人と対話しようと模索がはじまっているが、生活と直結したり、ポリシーにかかわる問題だけに、なかなか一筋縄ではいきそうにない。

映画『ザ・コーヴ』に見る日本の立場

「動物をめぐる抗争」でも触れたように、捕鯨や動物実験をめぐって日本は欧米のNGOから槍玉にあげられてきたが、日本と欧米では動物の取扱いや見方について違いがあり、それが鋭く対立するテーマの一つとなってきた背景がある。

まず、その論理の組み立ての違いを見ていこう。欧米の論理において日本人にとって理解に苦しむのは、「知能が高い」ので殺してはいけないという主張だろう。ただ、この場合、知能は知覚に近いニュアンスであり、「痛みを感じる能力があるので苦しめてはいけない」という主張に近い。この主張には、「ヒトは他の動物たちの痛みや待遇に積極的な役割を担う管理者」というキリスト教に根ざす倫理観、すなわちスチュワードシップが色濃く反映されている(ちなみに、森林のエコラベルのFSCや海のエコラベルのMSCのSは、このスチュワードシップという言葉を示している)。

日本をはじめアジアでは、一般的に「命を奪うかどうか」に重きがある。一方の欧米では、イギリスで生まれた「アニマルウェルフェア(動物の快適環境への配慮)」という概念に見られるように、「痛みを与えるかどうか」がヒトと動物の関係を考える上で焦点となるケースが多い。つまり、キツネ狩り反対を例にとると、キツネを殺してしまう、無為に命を奪ってしまうことに加えて、キツネが犬に追われ痛みを伴いながら死んでいくことが残酷であるということを反対の論拠とした主張だ。

そうした視点から和歌山県のイルカ追い込み漁を残虐な漁として批判的に描いた映画『ザ・コーヴ』は、2009年度のアカデミー賞長編ドキュメンタリー賞を受賞するなど、世界各地で話題を呼んだ。

しかし、日本にしてみると、イルカ漁（一般的には捕鯨）を感情的かつ一方的に攻撃する映画であると受け止め、日本のやり方が「痛み」を与える手法であることをことさら強調する映像シーンなどが目立つ一種のプロパガンダ映画であるという声が高い。この映画の製作には反捕鯨の過激な環境保護団体として有名なシーシェパードが深く関わっており、確かに、欧米ＮＧＯの典型的な手口や論理の流れが盛り込まれ、ある意味では「欧米ＮＧＯの反対運動マニアル」ともいえる。ここで、映画のなかでどのような手口やストーリーを用いて日本に圧力をかけているのかを見ていこう。

先ず注目したいのは、見る人の感情に大きく作用する語り手である。かつて『フリッパー』というイルカと人間の交流を描いた人気番組の主役が語り手を務めている。その番組でイルカを苦しめ、本人にいわせると「（騒音や環境で）イルカを自殺させてしまった」反省があり、そうした過去への反省がイルカ漁反対と並んで映画のテーマの根底にある。実は、欧米ではディズニー映画を含め動物映画の過去の「やらせ」が問題となっており、最近では動物園、サーカスでの動物の扱いにまで反対運動が展開されている。『ザ・コーヴ』は、日本のイルカ漁への反対運動だけではなく、そのような欧米の「反省の心」を巧妙に取り入れ、共感を呼ぼうとしている。かつて自分たちが行なっていた行為に対する反省を通じて共感を呼びかけるのは、捕鯨や野生動物の狩猟に対する反対運動でも多用される手法だ。

次に演出。隠し撮りの映像、あるいは政府代表が交渉をしている現場に無理やり乗り込んでの映像を用い、自分たちが少数で力強い敵に挑む正義の味方か十字軍のように演出している。対する日本サイドは、「私たちは正当に科学的な行為を行なっている」という強面の官僚や冷たい科学者というイメージに仕立て上げられてしまっている。実際は被害者でもあり、経済的な弱者でもある日本の地域社会の現状は無視同然である。生物多様性条約では、地域社会の伝統的な知識や営みが品種の育成や保全などにも一役買ってきたことが明記されているが、この映画からも感じられるように、日本の地域社会が果たしてきた役割が国際社会に十分に伝わってなく、もどかしさを感じる。日本は語学力や食文化の違いから誤解されやすい側面があるだけに、強面の反論や資金を使った支援の獲得だけではなく、文化力を動員したソフトで共感を呼ぶような主張を日本側から発信していくことが、有効な反論として今後は必要となろう。

さらに、タイミング。『ザ・コーヴ』が放映されたのは、水産資源がワシントン条約や生物多様性条約で議論になり、話題となるタイミングであった。概して、NGOは絶妙な機会を見逃さない。自然災害が起これば、即座に対応できるように用意周到に準備し、環境に関する国際会議の時期を計って活動を展開するなど、行動は迅速で、時宜を得ている。メディアに活動を報道してもらうということが、支持者拡大と資金獲得の最も有効な手段であることを考えると納得がいく。

ところで、2010年に公開された映画『オーシャンズ』も、環境保護を訴え、人間が行なう漁や捕鯨に批判を投げかけている。この映画は『ザ・コーヴ』と比較するとトーンは抑えられているものの、前半の美しい魚の群れの映像とコントラストをなす形で、海を汚している事実や残酷さが強調されている。捕獲されるイルカやサメの視点から漁を捉え、映像に語らせる効果的な手法が用いられている。サメがヒレを切り落とされ、泳げない姿のままゆっくりと沈んでいき、海底でうごめく姿は、見ている側の心に焼きつく。

語り手のフランス人の少年と男性を除くと人間がほとんど登場しない映画のなかで、アジア人と目される男性が漁をして、意味不明な言葉でやり取りをしている様子が(言葉には字幕がついていない)、不気味さと疎遠さを強調している。

いずれにしても、欧米の人びとがどのような論理を組み立てて映画を作成しているのかを理解することは、国際社会のなかでの日本の立場を考え、行動していくうえで重要となろう。「アジアは野蛮で、絶滅の危機に瀕していようとお構いなく、痛みを感じる哺乳類や魚をどんどん食用にしてしまう」というのも欧米の一方的な見方であろうし、「西洋は一神教であるキリスト教の影響で知能の高い動物だけ贔屓にしている」というのも相手方の論理を十分に消化していない見方であろう。やみくもに自分の論理を主張し、お互いに相手を非難し合えば、単なる水かけ論が続くだけになりかねない。スポーツで対戦相手を研究してから試合に臨むように、冷静に相手の論理や映像の文法を研究したうえで、反論をしていくことが建設的な話し合いへの第一歩となりそうだ。

参考文献
佐藤衆介(2005)『アニマルウェルフェア―動物の幸せについての科学と倫理』東京大学出版会

コラム③　ロビー

2002年の「持続可能な開発に関する世界首脳会議」いわゆるヨハネスブルグ・サミットで、北欧のNGOが非常にユニークなチラシを配布した。有名な着せ替え人形の商品名を確信犯的にパロディ化した「ロビー」(Lobie)という名の女の子が、さまざまな服に着せ替えられて登場し、それぞれが環境や社会正義に関わる訴えをしている。

例えば、ファーストフードチェーンの店員の恰好をしたロビーは、「ビジネスにとっていいことは、地球にいいこと」と訴えている。通常では「環境にいいことは長期的には企業にとってもいい」というところであろう。それを逆転させ、若干の皮肉を感じさせながら、企業の環境への取り組みを促している。

地球環境の悪化が待ったなしで進んでいるなか、NGOはその状況を訴え、しっかりと警鐘を鳴らしていく必要があろう。一方の企業にしてみると、社会や環境に配慮しながらも、自社の事業を継続させていかねばならない。そのため、NGOと企業がお互いの主張を真正面から出してしまうと、角が立つこともあるだろう。真っ向から意見をぶつけることも必要だろうが、両者の緊張関係を踏まえながらも、ユーモラスに主張を交えていくことも一つの手だ。グローバルに展開している大手の企業になればなるほど、消費者に好印象で認識されている比率が高いことが調査から明らかとなっている。北欧のNGOはそうした側面に着目し、環境や社会に目を向けさせるのに、国際的に名の通った企業や商品をパロディ化したユーモラスな手法を用いたのだが、世界のNGOは主張を効果的に伝えるためにさまざまな手を模索しているようである。

WHAT IS GOOD
FOR BUSINESS
IS GOOD FOR
THE PLANET™

図 37 「ビジネスにとっていいことは地球にいいこと」バービーをもじった「ロビー」のキャンペーン

Ⅲ　今、私たちにできること

美しい森や生きものを将来世代も楽しむことができるよう、未来に受け継いでいくために、今、どんな行動が必要となるだろうか。メッセージを広く効果的に伝えるには、イメージの使い方も重要となりそうだ。企業、NGOなどが、さまざまな立場で、どのようにイメージを使い、どのような取り組みをしているかを見ていこう。

市民目線で考える

自然は無料か?

ドイツ環境省は、若者を重点的なターゲットとして、自然の良さを訴えるPR活動を熱心に行なったことがあった。テクノやロックなどの若者向けの音楽の野外コンサートや、テニスのシュテェフィ・グラフなど著名スポーツ選手を動員したイベントなど、あの手、この手で「環境保全はカッコイイ」と若者が思うように仕向ける活動を行なった。

その一環として、2002年に、若者が制作した作品を対象とするテレビCM作成コンクールが開催された。その名も「自然のためのCM」(Spot for Nature)であり、環境活動や環境を題材に使った組織や製品のCMでも、企業活動等を自然や風景のイメージで訴求する環境広告でもなく、純粋に環境を広告するコンクールであった。ちなみに、当時のドイツの与党は「緑の党」であった。

さて、入選作品のなかに、「自然は、無料」と訴える一風変わった作品がある。プロフェッショナル部門で受賞した「リラックスしよう（Chill Out）」という2分程度の短編である。

まず映像は、山間の森林風景を映し続ける。基本的には、静止画に近い状態である。音声も、鳥のさえずりが時折するだけだ。変化のない光景と音が続いた後、少しずつ、鳥の鳴き声の種類が増えていく。キツツキを連想させる、木の幹をつつく音も加わる。高低さまざまな音や鳴き声がリズムをとっていき、テクノ・ミュージックの様相を呈してきたと思いきや、突如として画面が黒塗りとなり、白文字で「（自然は）24時間オープン、入場料なし、門前払いもなし」という文字が浮かび上がる。クラブやディスコであれば、時間は限定され、有料で、しかも年齢や服装などに制限がある。そうした都会のレジャーと暗に比較し、自然のレジャーは開放的で無料という魅力を強調し、もっと自然のなかでの活動をしようと若者に訴えかけている。

ただ、皮肉なことに、生物多様性を含む環境に関わる経済学の分野では、逆に「自然はタダではない」というメッセージが社会に発信されている。例えば、標識や林道の整備、ベンチ設置にはじまり、清掃や森林の管理には税金や募金などの形でお金が費やされている。あるいは、自然のままで残すという選択をした場合、その場所を宅地等に開発したら得られたかもしれないお金を手放したという解釈も成り立

図38　ドイツ連邦環境省の募集広告受賞作 Chill Out より「24時間オープン　入場料なし　門前払いもなし」

つ。すなわち、自然の訪問者が実際に現金で支払ってなくとも、現実としては税金などの形で社会全体としてコストを負担しているということである。

その一方で、私たちは自然から多大な恵みを受けている。その恵みを「見えるようにする」という目的もあって、生物多様性の条約のなかの議論では、食糧の供給、水の供給や浄化、土砂崩れの防止、観光などのレクリエーションを通じて、自然からどれだけの価値が生み出されているかをお金に換算して提示する動きがある。賛成派は、金額で示すことにより、一般の人びとに分かりやすい形で政策に関する議論ができると主張する。しかし、自然をお金に換算することで理解できるのは限られた一側面でしかないことを理由に（それは多くの賛成派も認めるところだが）反対する人、環境には倫理的な側面があることなどから違和感を覚える人も多い。

コンクール入賞作の広告のように、自然は「無料」であるという表向きの顔を強調して、自然に親しんでもらうことを促すのも一つのアイデアだろう。ただ、実際には幅広い社会層で自然や環境を維持していくための費用や負担を担っている現実があり、その議論も避けて通れないのが難しいところである。

先に触れたドイツ環境省主催のCMコンクールは、そもそもは若者がもっと自然に親しんでくれるようにという趣旨の企画であったし、入選作品にしても、その趣旨に沿って制作されたのだろうが、結果として深いテーマとつながっていく作品となった。環境の場合は、年金と異なり、すぐには世代間のバランスが問題となるわけではないが、（恵みを受け取る）受益と負担の議論はここでも重要であり、待ったなしで真剣に取り組むべきであろう。

NGOの戦略

欧米では非政府組織（NGO）のキャンペーンが、人種、女性の権利、教育や医療など政治や経済に関わるさまざまな分野で展開され、大きな影響力を持ってきた。とりわけ環境団体の活動には目覚しいものがある。実は、あまり知られていないが、1989年に起きたベルリンの壁の崩壊と東欧の民主化運動においても、環境団体は重要な役割を果たした。というのも、人権運動や政治体制への反対運動は、共産主義当局から厳しく取り締まられたのに対し、環境団体は環境活動を隠れ蓑に、網の目をくぐって政治や社会に関わる活動を展開できたからだ。

さて、環境の分野のNGOは、歴史的には原発反対など大量の人間を動員したマスの反対運動からスタートした。それが次第に、活動は少人数であっても過激な行動を起こし、それによって報道機関を通じて問題提起や支持者を集める手法を用いる大手NGOが増大していった。抗議相手にメッセージを届けて話し合うというよりも、報道を通じて支持者を拡大し、資金も含めて活動基盤を得るというスタイルだ。米国では「NGOはシンボルの魔術師」と喧伝され、反捕鯨や森林保全の活動が大々的に報道されている。行動も非常に早い。例えば、欧州で洪水が起きた際には、早くも初日から「気候変動の悪影響だ」という垂れ幕を翻したボートが出現した。関係者に話を聞いたところ、「去年も洪水があったので、同じ時期に発生することを想定して、ボートや垂れ幕を事前に準備していた」とのことで、実に用意周到な体制となっている。2008年の生物多様性条約第九回締約国会議（COP9）の際にも、グリーンピースのユースがデモを行なったり、WWFが生きている地球指数（リビ

図 39　締約国会議でインタビューを受ける非政府組織のユース（ドイツ・ボン）

ングプラネット指数）を発表したり、大手NGOはタイミングを計算して入念に準備した行動を展開した。タイミングの重要性をNGOは十分承知している。

なぜ、NGOにとってタイミングが重要かというと、効果的な普及啓発という意味もあるが、メディアに露出し、活動を多くの人びとに知ってもらうことが、募金や支援者獲得のための重要なステップであるからだ。旬な話題をメディアに提供しようとするあまり、アピールの手段がエスカレートして、過激な行動に出ることも珍しくない。非合法的な活動も辞さない扇動的なデモ行進もあれば、立入りが禁止されている区域にまで船や山登りの道具を使って実力行使で入り込み、垂れ幕を掲げることもある。日本が標的にされた反捕鯨活動もこの部類に入るだろう。

メディアに露出される抗議行動などの他にも、大手のNGOはさまざまな活動を行なっている。報告書やキャンペーンを通じて啓発を促し、イベントを開催して気運を盛り上げていくといった行動もその一つだ。その際、科学的な観測データにもとづくときもあれば、「独自の調査結果」なるものが使われることもある。そうしたNGOの活動は、生物多様性といった知名度に課題がある領域では、極めて有意義である。

具体的な行動の一例として、ＮＧＯは国際会議において、オブザーバーながら交渉に対して意見を表明する。その際、時には地域や国名を名指しして、危機の警鐘や消極性の指摘をすることもある。政策提言能力がある大手の国際的なＮＧＯでは、各国が交渉している決議文書に具体的な提言を行ない、その意見が反映されることもある。

ところで、日本とＮＧＯとの関係を見てみると、生物多様性や生態系の保全の気運が高まっていた１９８０年代、日本は木材の輸入や捕鯨などで国際ＮＧＯから激しい抗議行動を受け、「日本よ　熱帯林から出ていけ」という垂れ幕がドイツのＪＥＴＲＯ（日本貿易振興機構）のビルに掲げられたりした。このような苦い経験も踏まえ、日本は環境面でのコンプライアンスや認証の取得には着実に取り組んできた。しかし、国際ＮＧＯ本部などとのパイプはまだまだ細く、どのような問題提起がなされ、どういったアクションが検討されているかといった情報が不足しているのが実情であり、情報収集に改善の余地があるようだ。

日本に支部を置いている国際ＮＧＯもあるが、それでも十分に情報が伝わってこないケースもあり、さまざまなチャンネルを通じた連携を模索する必要もありそうだ。日本は生物多様性の保全や持続可能なプロジェクトへ「日本基金」として資金を拠出することになっているが、条約事務局を通じて単に資金を供与するだけでなく、そうした機会を捉えて、発展途上国で活動する国際ＮＧＯとのパイプを太めていくことも重要であろう。

今後、環境に関わる国際交渉では、政府間の交渉に加えて国際ＮＧＯとの対話にも目配りをし、国際ＮＧＯの特性を理解していく必要がある。締約国会議においても、それは例外ではない。締約国会議は、その名が示す通り、原則としては国の代表と代表が話し合う場であり、通常の国際会議とは異なるが、欧州などの政府代表団には普段は国際NGOで働いているスタッフが参加していることが多い。さらに、NGOの職員が政府や欧州本部に転職することもあり、もともと人事交流が盛んである。実体として、欧州の政府や欧州委員会といえども、大手NGOの存在が見え隠れしているのである。

日本でも、2009年12月のコペンハーゲン会議（国連気候変動枠組条約第15回締約国会議）の際に、はじめて政府代表団に日本のNGO（WWFジャパン）の職員を入れる実験的な試みが行なわれた。続く、生物多様性条約のCOP10においても、政府代表団に、労働組合や経済団体とともにNGOメンバーが一人加わった。今後、そうした新しい動きを積極的に試みながら、人事交流をますます活発化させていくことが求められている。

小さくて大きな微生物の存在

生物多様性は、「地球上のすべてのいのち」という考え方から、哺乳類、魚、昆虫のみならず、微生物や植物まですべての生きもの、さらにその生物が生きている生息地、砂漠から熱帯雨林までも対象として議論が行なわれている。そもそも生物多様性の議論は、それ以前から存在していた絶滅危惧種の貿易にかかわるワシントン条約や渡り鳥や湿地をテーマとしたラムサール条約といった特化した条約を補完し、さまざまな生態系を幅広く議論していこうということではじまったという経緯がある。

ただ、すべての生きものを対象とすることを謳っている生物多様性といえども、キャンペーンなどに使われる写真やイメージとなると、白クマ、パンダ、イルカあるいはカエルなど「絵になる」生きものが多用され、広くあまねくには程遠い。目に見ることも、「かわいい」「かわいそう」といった感情に訴えることもできない微生物などは、一般の人向けにどのような絵で語ればいいのか攻めあぐね、まったく出番がない。しかし、人間生活への貢献という意味では、菌類や細菌などの微生物は、食品、薬品、試料、洗剤など数々の日用品に幅広く利用されており、哺乳類など目に見える生物に勝るとも劣らない貢献をしてきた。実際、２０１０年に開催された生物多様性条約の第10回締約国会議（ＣＯＰ10）では、微生物の利用についての国際的なルールづくりが主要テーマの一つとして大いに議論された。生物多様性の国際的議論の場では主役の一つとして注目を集めつつある微生物だが、それについて一般の人にどのように訴え、どのように議論を広げていくか、考えていく必要がありそうだ。同時に、今の世代に役立つという論理だけでなく、次世代のためにという倫理的観点からも議論を深めていく必要もあるだろう。

加えて、生息している場所も、土のなかだったり、海の底だったりと、日常生活では目にする機会が少ない、あるいはまったくない場所であったりもするが、そうした場所にまで人間が影響を及ぼしているということの認識を深めていくことも、生物多様性の議論の課題の一つといえよう。また、忘れてはならないのは、極端に暑かったり、寒かったり、圧力が高かったりする場所に生息する微生物は、その環境に特化して進化した機能が人類に役立つことも多いということだ。そのような事情もあり、北極や南極圏での生物資源の調査には、各国ともに熱い視線を注いでいる。南極などの強い紫外線に対抗して色素を生産したり、空気が極端に乾燥しているなかで工夫して栄養を摂取している微生物には、今の世代にも次の世代にも食糧生産や医療での有用な技術や、生物誕生のヒントが隠されている可能性もある。

「地球上のすべてのいのち」とはいっても、人間が存在を確認している〝いのち〟は一部にすぎず、知らない種が数多く存在している。哺乳類、鳥類、魚類であれば、存在するであろう種の9割以上の命名や分類が終わったとされているが、菌類、細菌、線虫などの微生物にいたっては、わずか1割かそれ以下と考えられており、種の数はまったくの未知数である。顕微鏡でなければ見えないような小さな生物、まだ見つけてもいない種について、どれだけ具体的なイメージで呼びかけていくことができるのか、それは生物多様性の議論に山積する難題の一つである。

生物の保全と利用について、まだ見つかっていない生物、目に触れることのない生息地までも含め、今の世代とまだ生まれていない世代のために、どこまで自分たちの問題として捉え、どのように議論や仕組みづくりに取り組んでいけるのか、人間の叡智と想像力が試されているともいえよう。

マンガで見る環境問題

マンガというと、軽薄なものと決めつけ眉をひそめる向きもあろうが、最近では医療や経済など社会問題を取り上げたメッセージ性の強いマンガも登場しており、専門家の間では、その影響力に注目が集まっている。例えば、『鉄腕アトム』『ドラえもん』『北斗の拳』から『21世紀少年』『DEATH NOTE』まで、さまざまなマンガに登場する未来像から、その時代の環境問題や今後の倫理について研究した本も出版されている。

また、現実生活における社会的行動や倫理観について強いメッセージを発信しているマンガもある。その代表例に、サラリーマン・島耕作を主人公にし、1982年に『課長　島耕作』からスタートした一連のシリーズがある。このシリーズでは、島耕作が課長から社長まで出世していく段階で直面する問題が、その折々の時事問題を巧みに織り込みながら描かれているが、2005年当時、中国担当の常務であった島耕作が愛知万博の会場で中国人の部下に、地球温暖化の脅威について語っているくだりは、5ページにわたっている。

万博の出展を見た後に島常務の口を衝いて出たのは、「どれくらい地球の温度が上昇しているのか」「降水量の変化」「海面水位の上昇」「ソメイヨシノの開花が早まっているのに、秋の紅葉は2週間遅くなっている」「オホーツク海の流氷が減って藻類の減少が海産物資源に影響している」「サンゴの白化」などである。また、中国やインドがCO_2を減らせるかどうかという問答で「人類にとってバランスをとることが難しい」と常務に語らせている。その後も、企業の代表によるクールビズのファッションショーの描写が続き、まさに一話が環境問題に特化した内容となっている。ビジネスマンも読み、高い人気を博するマンガにおいて、主人公が温暖化と企業活動の取り組みの必要性を語るインパクトは相当に大きかったと容易に考えられる。

このように影響力を増しつつあるマンガは、現在、読んで楽しむ娯楽としてだけでなく、さまざまな場面で活用されている。商業広告の分野でも、マンガに登場する人気キャラクターがサービスや製品を使った感想や便利さを語り、購入やウェブサイト訪問を呼びかける手法を用いた宣伝は少なくない。また、いじめ、子育て、世代間のつながりなどの公共的なメッセージでもマンガは活躍している。例えば、朝日新聞が２０１０年の春（4月）と秋（11月末～12月）に、それぞれ4週連続で夕刊紙面に打ち出した「40歳の教科書」と題する大型特集広告では、大人気を博したマンガ『ドラゴン桜』の主人公で型破りな教師、桜木先生が毎回登場している。

図 40　新聞の全面広告で問われる環境問題（朝日新聞 2010 年 12 月 2 日モーニング『ドラゴン桜』広告記事）

　その秋篇の２回目（12月2日夕刊）に、桜木先生のセリフとして、「温暖化」という言葉が出てくる。「自分の人生を見つめ直す」と副題をつけ、うつ病などの心の病気が現代社会にとって大きな危機になっていることを訴えるその一面広告（それに続く二面に専門家の意見が掲載されている）は、太陽と地球を思わせる二つの天体と、目鼻がなく表情を失った背広姿の男性を中心とした人の群れを背景に、桜木先生が「温暖化だと？」「心の危機が地球の危機だ！」と語る２コマが大きく描かれている。つまり、心の危機の重大さを示す引き合いとして、地球温暖化が用いられているのだ。ちなみに、意図してか偶然か、折りしも当時２０１０年11月末からメキシコのカンクンで気候変動枠組み条約の締約国会議が開催されていた。

　２００５年の時点では、島耕作が「これからは、企業を含めて社会全体で温暖化に取り組むことが課題になりますよ」と呼びかけ、温暖化に警鐘をならしていた。それが、２０１０年になると、桜木先生が「温暖化以外にも大きな問題がありますよ」と呼びかけ、温暖化はエスタブリッシュメントが前提の確立された問題として、心の危機という重大な問題に警鐘をならす引き合いとして使われていた。５年という歳月の間に温暖化問題の位置づけがまったく異なってしまったわけだが、それだけ問題に対する認識が高まったということなのだろう。ただ、いずれにせよ、マンガは一般の人に呼びかけるのに、有効な手段の一つであることは間違いないようだ。一般の人への呼びかけ、認識を広めることが課題となっている生物多様性においても、マンガを活用することを積極的に考えても良さそうである。

参考文献
弘兼憲史（２００５）『常務　島耕作』「STEP 16 Don't Be Cruel」週刊モーニング　講談社
石毛弓（２０１１）『マンガがひもとく未来と環境』アサヒ・エコ・ブックス30　アサヒビール・清水弘文堂書房

科学者と信頼

非政府組織（ＮＧＯ）と並んで、環境問題が広く社会で認知されるのに重要な役割を果たしてきたのが科学者であろう。例えば酸性雨の問題にしても、実際に被害が出ても問題とはならず、それから１００年以上経て、オーデンという北欧の科学者がデータにもとづいて広く警鐘を鳴らしたことによって、はじめて社会のなかで問題として認識され、議論されるようになった。可能にしているのは、科学者の信頼性だ。各国の環境問題に関する議論においても、ばらつきはあるものの、政治政党、NGO、産業界などと比較して科学者が高い信頼を得ていることは確認されている。ただし、欧米では、科学者は大学に勤務しながらNGOに参画したり、NGOで雇用されて報告書やデータを作成したりと、大学や研究機関だけではなく、NGOに参画している例は少なくなく、アクターごとの垣根は崩れつつある。

所属や発表の場は多様化しつつも、依然として科学者の信頼が他のアクターよりも高いのは何故なのか？ その大きな理由の一つに、科学者が発信する成果は、他の人びとの検証を経た客観的なものであろうという前提がある。公表される論文であれば、覆面の査読者によって、さまざまな観点からの突っ込みが入り、その厳しいやり取りを経た成果だけが論文として採択される。ネイチャーやサイエンスなど世界的に高名な学術誌に掲載される論文となると、採択される率はわずか数パーセントであり、9割以上の論文が無念の結果に終わるほどの難関である。つまり、科学者が成果として発表する論文やデータは、厳しい目にさらされ、また継続して改善しながら精度を上げているという前提に立って、信頼されているといえよう。

さらに、科学者は直接の利害関係者ではないということも、信頼される大きな要因である。例えば、政権が交代したので、温暖化物質の排出と抑制についての試算のやり直しなどが行なわれた事例もあるが、前提条件や仮定を変えない限り、本来、結果が大きく変わることはない。時の政権の不興を買うかもしれないが、科学者は政権に依存せず、出された結果も政権に左右されないはずである。

ところで、ノーベル平和賞の受賞で一躍有名になった「気候変動に関する政府間パネル（IPCC）」

は、政府関係者だけではなく世界有数の科学者も参加している。しかし、よく誤解されることだが、ＩＰＣＣ自体がコンピューターを駆使したり、研究室で実験をして、新しい研究成果やデータを生み出しているわけではない。また、斯く斯くしかじかの政策を採るべきだという提言もしていない。ＩＰＣＣが実際に行なっているのは、まず、すでに出ている論文やデータの収集である。次に、それらが地球全体の気候変動に対してどのような影響を示唆しているのかを読み込み、評価して、将来の予想シナリオにつなげている。つまり、他の科学者の活動と知見に依存しながら、それにもとづいて、例えば「２０５０年までにこうなる」というような図を描き、それを将来のシナリオとして示しているのだ。ただ、断定的なものではなく、このような措置や政策では、こうなるといった複数の道筋が描かれている。いくつかのシナリオのなかには、「このような政策を行なうと、10年後には環境保全に結びつく」といった間接的には政策提言に近いようなシナリオや図表もあるが、それでも優先順位のつけ方や実施するか否かの判断は政治的な判断に委ねられている。

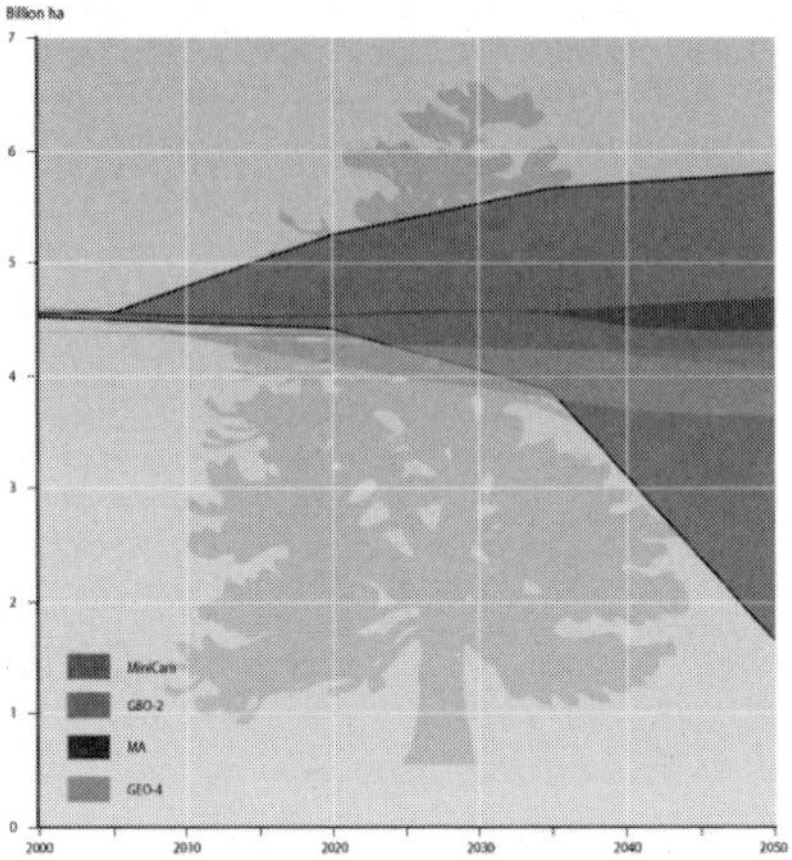

図41　地球規模生物多様性概況第3版（GBO3）に示された森林減少の予測
ⓒ SCBD

　ここで大事なことは、ＩＰＣＣはシナリオを描きつつも、どのような対処や政策をするかは、そのデータや図を見た行政や市民が決めるようにしていることだ。その際に、データが完全なものではなく、ばらつきや前提条件によって大きく変わってきてしまうこと、つまり「分からない要素」もあることを、ＩＰＣＣに限らず科学者ははっきり示すことが多い。

気候変動の問題と同様に、生物多様性の議論でも、既存の研究の成果を集め、その科学的なデータを示した地球規模生物多様性概況第３版（ＧＢＯ３）が、条約のなかでの目的の達成や進捗状況の把握に利用された。そのＧＢＯ３にある、多くの生物の生息地である森林の動向について、異なる文献に呈示されている複数のシナリオを示す図（図41）からも、同じ国連のなかの国際的な科学者チームによる結果であっても、かなりばらつきがあることが分かる。同時に、最も楽観的なシナリオであっても、２０５０年までに10億ヘクタール以上の森林が失われてしまうことが示されており、真剣な取り組みが必要であることを示唆している。

このように、結果が出るまでに厳しい目にさらされること、政策を提言しないなど自ら利害関係者にならないこと、分からないことや明確でないことを隠さないことなどが、科学者が信頼されてきた要因であろう。

ただ、その信頼が揺らいでしまうこともままある。それはどのような場面か？　例えば、データのねつ造や情報の漏えいなどが、それにあたろう。データのねつ造は、物理、考古学などさまざまな領域で発見されている（バレてしまう理由は、追試験による場合もあるが、実際の観測ではよくあるデータの乱れがなく、結果が奇麗に並びすぎていることから却って疑われるケースも多い）。あるいは、科学者が直接関与しなくとも、過去には、安全性や影響についての恣意的なデータや統計が引用されたこともあった。「気候変動に関する政府間パネル（ＩＰＣＣ）」などでも、データの信頼性をめぐっては、さまざまな議論や憶測を呼んでいる。

また、道路建設の騒音、原子力、遺伝子組換え体などで多く見られる事例だが、科学の側面と消費者や関係者のコミュニケーションが必ずしもうまくいっていないことから、科学への信頼が揺らいでしまうこともある。例えば、科学者が示した研究結果やデータから、行政が科学的なリスクは少ないと判断した場合に、その判断結果だけを伝えても、消費者や関係者にしてみると、不安は解消されず、逆に信頼感が薄らいでしまうこともあろう。科学や行政の側は、なぜ科学者が信頼を得ることができたのかという原点に立ち戻り、コミュニケーションにおいて、相手の文化、教育、歴史などを踏まえたうえで、立場や背景が違う人びとの論理を理解して、説明していく姿勢が大事となる。

一方、消費者のサイドにしても、リスクを何となく避ける、怖がるというだけではなく、知る権利とリテラシーを磨きつつ、自分なりに判断をしていく必要がある。地球温暖化であれ、日常生活で消費するものであれ、科学は正解を示してくれるのではなく、判断材料を提供しているところまである。そのポイントを認識し、だれかに教えてもらう要素を受け入れつつも、最後は他人任せではなく、自分の価値観や指針で判断する姿勢が求められる。科学者にしても、築き上げてきた高い信頼を自らの手で揺るがすことのないよう、襟を正さねばならない。

企業の倫理

企業の思惑と取り組み

2010年4月、大手石油会社ビーピー（BP）社の石油掘削施設が爆発し、メキシコ湾に大量の原油が流出する事故が起きた。当初は楽観的な見通しもあったが、結局は7月15日まで原油の流出は続き、自然環境や周辺住民の生活に測り知れない大きな打撃を与えた。BP社の対応や事故の影響が連日報道され、原油にまみれた鳥の姿が、湾岸戦争の際のペルシア湾への原油流出を想起させ、BP社の責任を追求する声や非難が渦巻いた。実質的損失に加え、事故対応コストや賠償など膨大な出費を強いられるBP社の株式時価総額は、一時、円換算で8兆円余り減少し、トップの辞任にまで波及した。

しかしBP社も、黙って非難や攻撃を甘受していたわけではない。「状況をよくする（Making This Right）」というタイトルで、上半分が写真、下半分が説明文で、右下に会社のロゴマークを入れた全面広告を経済新聞フィナンシャル・タイムズや一般紙ユーエスエートゥデイに連続して掲載した。

フィナンシャル・タイムズに掲載された広告は、上部が4枚の写真から構成されている。BP社の社員がコンピューターの画面やヘリコプターのなかから浄化作業にあたっている写真、そして浄化作業中の船舶と作業員の姿を少し離れた距離から映した写真と、現場の作業風景の写真が使用されている（図42）。

さらに地域住民と海岸線を歩くBP社の社員の姿を映した写真も使用されている。背景のさびれた船舶から、しばらく漁が行なわれていない様子が窺われる。帽子で表情は見えないものの、うつむき加減の男性住民が苦境を訴えている傍らを、マイノリティーである黒人の女性社員が話しに耳を傾けながら歩いている。

図42　原油流出事故を受けた全面広告　「フィナンシャル・タイムズ」2010年7月15日掲載　Ⓒ BP p.l.c.

この新聞広告において、BP社は事故後の環境、安全性、地域経済への配慮を行なっていることを、社員という表情の見える姿で訴えようとしている。世間の非難をかわそうとするBP社の思惑通りの成果が得られたかはさておき、環境や地域社会に関わる事故などの不祥事を起こした企業が、感情的な反発やダメージを抑えながら、修復や改善点を冷静に伝えていこうとする際に、写真や図像の使い方というものは重要となる。

なお、1989年に米国で出版された写真の歴史を分析した書籍において、すでに、企業が不祥事を起こした後に、どのような報告書を出しているかが分析されている。大きな事故の直後、あるいは翌年などに提出された報告書を調査したところ、化学系の工場であれば、事故が起これば死者を出すこともあるが、そのような事故についてもまったく触れていないケースも存在することが指摘されている（Bolton, 1992）。

一方、経済の分野では、「環境活動を行なうと儲かるのか？」という問いに対して、さまざまな観点から議論が行なわれ、調査・研究が進められてきた。例えば、環境や社会貢献に関わる情報の公開の進捗度と株価や会社の価値との関係性について、統計的な研究が行なわれてきた。実のところ、情報の公開性と株価などとの関係についての明確な結論は得られてない。いいかえると、多くの論文において、「環境に取り組んだからといって利益や株価が高くなる」という結論は得られていない。むしろ、「大きい企業ほど環境の情報公開に取り組むことが多い」というように、会社の条件を環境に取り組む要因として説明している専門家が多い。つまり、情報公開の進捗度は会社の規模や分野などの要因との関係が深いといわれている。なかでも、社会の視線が注がれ、環境に敏感なセクターであるエネルギー、電力・ガスなどの分野は、他のセクターと比較して、環境に関わる情報の公開度合が進んでいるという指摘もある。

環境に取り組むのはなぜかという問いかけに対し、子どもや孫といった次世代、地域社会や他の生物の生息地への配慮という倫理性、コストの低減や事業の持続可能性という経済性など、いろいろな観点からの考え方がある。統計的には「儲かるから」という結果がでているわけではないが、儲かることを期待して取り組んでいる企業もあるかもしれない。いずれにせよ、石油事故のケースが示すように、社会の一員、そして生態系の一員として、信頼やリスク管理責任の側面から、今後、規模や分野の如何に関わらず、企業は当然のこととして情報公開を進め、環境に前向きに取り組んでいくことが期待される。

参考文献
Richard Bolton (ed) (1992) The Contest of Meaning: Critical Histories of Photography, MIT Press, Cambridge

１％の可能性

生物多様性や生態系の問題は分かりづらい、という話をよく聞く。ただ、見わたしてみると、食卓から娯楽まで生物多様性や生態系からさまざまな恩恵を受けており、実に身近な問題なのである。特にレジャーの面では、渓谷や森林があるからトレッキングやハイキングを楽しむことができ、サンゴ礁や魚がいるからスキューバダイビングの魅力が増す。すなわち、アウトドアの娯楽は、豊かな自然に頼って成り立つ産業であるといっても過言ではなかろう。

そうした背景から、アウトドア用品の販売店では、売り上げの１％を環境保全に寄付する「1% FOR THE PLANET」という「自然への恩返し」ともいえる動きるが広がっている。例えば、カナダのアウトドア関連製品の販売店マウンテン・エクイップメント・コープも、この運動に参加している。マウンテン・エクイップメント・コープはカナダ最大手の生協組織チェーンで、カナダ全土でメック（ＭＥＣ）の愛称で親しまれ、国外でも１９２か国で業務展開し、２００万人以上の会員登録がある。理事会は会員が選出する形で運営される。価格面での競争力もあり、週末になると多くの人びとが訪れ、実際にモントリオールの店を覗いてみると、確かに賑わっていた。ＭＥＣの２００７年の売上高は２億３９００万カナダドルであり、１％は日本円に換算すると約２億３０００万円にも上る。

ＭＥＣは、そうした１％寄付による「自然への恩返し」だけでなく、自然の恵みの「見える化」を推進している。店舗のデザインを工夫し、天然光を利用した売り場にはソファーが配置され、ゆったりした時間が流れる。トイレでも雨水を利用する徹底ぶり。さらに、子どもがお店を訪ねた際に、自然の恵みについて学べるよう、観光と生物多様性に関する展示も行なっている。このように、消費者が製品を購入することで自然の保全活動に貢献し、店内でも自然の恵みを実感できる工夫が施されている。

また、販売した製品は全て使い尽くしてもらうのが店のポリシー。トレッキング用品のウェアやズボン、ノルディック・ウォーキング用の杖など、エコを意識して原材料から吟味された製品が並ぶ。例えばフリースなどの原材料はビニールを排し、有機綿や再生可能なポリエステルのみを使用し、環境や持続可能性、人権などに配慮したものを選んでいる。販売用のレジ袋も、生分解性プラスチックでつくられている。また、使い古して不要になった製品を回収してリサイクルできるよう、店舗の入り口には透明な容器の回収箱が用意され、消費者はＭＥＣの使い古しの衣料品を放り込んでいく。

図 43　天然光を取り入れた MEC 店舗内の様子

米国の「パタゴニア」も同様のポリシーを持つ。同社は日本でも店舗展開しており、現在、全国で15の直営店が運動を展開している。２００８年には、販売衣服のリサイクルの取り組みが評価され、環境に配慮した製品の購入を促すグリーン購入大賞の環境大臣賞を受賞した。また、パタゴニアは「1% FOR THE PLANET」の推進者であり、1985年から1%寄付を続けている。

その売り上げの1%を自然保護に寄付する活動は着実に世界各地に広がり、現在ではゆうに1000社を超す企業が参加し、1600以上の自然保護団体へ寄付している。だが、この1%という額が大きいか小さいかは意見が分かれるところであろう。また、業種や企業の規模によって利益率や売り上げの質もまったく異なるという指摘が出てきそうだ。ただ、重要なのは1%という数字ではない。「売っている製品は環境や生物多様性あってのもの」というつながりが、少なくとも伝わる可能性はある。

図44　店舗内に設置されたリサイクル用の衣服の回収箱

生物多様性については、二酸化炭素削減のようにはっきりとした数値目標や行動の指針がないため、企業としては取り組みにくいという話を聞く。確かに地域ごとの固有性や個別性があって難しい面もあろうが、製品やサービスの土台として、アウトドア産業でなくとも、どこか生態系に関わる活動はいろいろあるはずだ。新しく何かをはじめなくとも、すでに行なっている活動を順番にチェックしていく「たな卸」をすると、生態系とのつながりを再発見でき、それを保っていく行動が見つかるケースは少なくないだろう。つながり方や見せ方は業種や企業ごとに異なるだろうが、日本では実践する企業がまだ少ないだけに、他社との差別化のチャンスでもある。

（中部経済新聞に掲載された記事を加筆したものです）

人口爆発と生物多様性

「生物多様性を守るのに、私たちができることは何か？」という問いかけが大きく書かれた一面広告が英国の新聞に掲載された。その下に、広々とした畑を背景に佇む、野球帽を被った中年の男性の姿が写っている。男性は手にした穂をチェックしており、服装や首からかけたIDのようなものから企業の研究者を連想させる。中段には、問いかけへの答えとして、「農業を減らす」と「生産性を高める」という二つの選択肢が示されている。そして下のほうに、要約すると「『農業を減らす』というのは、人口が増える社会において選択肢とはなりません、私たちは食糧の『生産性を高める』ために努力しています」という次のようなメッセージが入っている。

農業活動を減らすというのは、選択肢ではありません。2050年までに世界人口は20億人以上増えるでしょう。新しい農地によって生物多様性を失うことなく、必要とする食糧の全てを賄うことができるでしょうか？　私たちSyngenta社では、答えは「イエス」と考えています。農家の方々が既存の農地からより多くの収穫を得られ、同時に生態系を守ることができるように、私たちは新しい高収率の種を開発したり、作物を虫、雑草、病気から守るための方法を考案しています。実は、さらに一歩踏み込んで、作物と一緒に、野生の植物、虫、鳥が繁栄できるようなプログラムも用意しています。将来の挑戦に応えていくための一助となるように進めている一つの取り組みです。少ないものからもっと多くを生産する。詳細を知りたい方は、私たちのウェブサイト　www.growmorefromless.com を訪れてください。

（手書き風の文字で）植物のポテンシャルにいのちを

ここで、この広告が最新の技術を用いて穀物の品種改良などを行なっている会社のものだと気づかされる。「生物多様性を守りたいのは、皆が一致するところだが、だからといって食糧生産を減らすことで妥協することはできない。人口増加を背景とした世界の情勢は食糧の減産を許さない。そこで、わが社としては、生産面の改良を通じて貢献していく」という姿勢を打ち出している。

実は、ＣＯＰ10で最終報告書が発表された生態系と生物多様性の経済学（ＴＥＥＢ）というプロジェクトでも、同社は「貧困と生物多様性を共同で対処しているビジネス」として取り上げられている（TEEB, 2010:13）。そのなかで、ケニア、インド、マリ、ブラジル、バングラデシュの小規模農家に対して、同社は近代的な農業技術を導入し、保全型農業の実施や市場アクセスの改善を行ない、地元の大学やＮＧＯとも連携していると報告されている。

生物多様性の議論においても、食糧や人口爆発との関係性については関心の高いテーマである。筆者にしてもしばしば、２０１１年には70億に達する世界人口を養っていくことと生物多様性は両立が可能なのか、あるいは重視すべきは生物多様性より人口問題なのではないか、といった疑問をぶつけられる。

ただ、「生物多様性か食糧生産か」という二者択一には少し注意が必要だ。そもそも生物多様性は、食糧生産の増産に貢献したり、「保険」のような役割も果たしているのだ。もともと自生している野生種といわれる植物が種々あるということは、その特徴を他の作物と組み合わせて新たな品種をつくる余地が残されており、食糧生産に使っている品種に病気が流行したり、気候が寒冷化あるいは温暖化していったときに有効に使える可能性があるということだ。

さらに、人口増加に対応すべく食糧を増産するのに、作物を改良するのが最も近道であるとも限らない。食糧生産には、水や土の部分が及ぼす影響も大きいからだ。例えば、灌漑や水の流れを改善することで、食糧の増産に貢献できる余地もあるだろう。また、土の部分では、肥料の使用などによって、農地を拡大せずとも食糧問題の大部分を解消できるという科学者もいる。

図45　生物多様性保全と食料増産の両立に触れているSyngenta社の広告　「ニューヨーク・タイムズ」2010年11月17日　© syngenta

一方、栽培方法を全面管理しようとする近代的な農業から逆行する形で、効率や生産性を求めず、害虫対策に天敵を使うなど自然の力に任せたような粗放的なやり方で栽培する試みも各地で取り組まれている。また、米など水を比較的多く必要とする作物から、あまり必要としない作物に切り替えるなど、作物と土地の相性を見直すことも一つの方策として進められている。

他方、先進国の大企業と発展途上国の農業従事者との関係が重大な問題として議論されている。途上国の農業従事者にしてみると、先進国の大企業に、種を開発され、抑えられてしまうと、種を買わなければならなくなり、それによって生活が脅かされるのではないかという不安がある。途上国側はそうした不安を根底に、自分たちの収入の手段である農業が先進国の企業に依存するようになることに対する反発や、種を買わなければならなくなる経済的な負担についての不透明感などを、環境の国際的な交渉の場で表明している。特に、一回しか芽が出ないようにする技術や特許に対しては、経済的負担や先進国への依存を高める大きな要因になるとして、反発を強めている。それに対し、企業側は投資や開発のコストを回収する必要を主張し、意見の食い違いは大きい。

このように、人口増加や食糧生産と生物多様性の関係は、多くの問題をはらみ、それが複雑に絡み合っている。だからこそ、さまざまな観点から、長期的な視野に立って、根気よく議論を続ける必要があろう。ただし、生物多様性の状況は刻々と変化し、悪化の一途をたどっており、また途上国側の不安や不満が高まっていることを鑑みると、手を拱いている余裕はない。議論を続けながらも、打つべき手を打つことが求められている。

参考文献
TEEB (2010) The Economics of Ecosystems and Biodiversity Report for Business - Executive Summary 2010,
http://www2.syngenta.com/en/site/contacts.aspx#c=jp

「見える化」の推進

ある企業が環境に取り組みたいと思ったときに、どのようなやり方があるだろうか。また、そのなかで、図表など視覚的な要素はどのような役割を担っているのか。

環境への取り組みの手順としては、1．現状を把握する　2．負荷を縮減する　3．外部へ発信する　という三つのステップが一般的だろう。最初の現状を把握するステップでは、「見える化」という言葉も存在するが、実際に使用している紙や電力、あるいはゴミの量を数値として把握すると、それだけでも普段は目につかず隠れている無駄を認識したり、「ずいぶんと使っているな」といった意識が生まれたりすることが多い。そして、例えば「今年は去年よりも資料量が多い」ということが見えることで、どのような対策を講じるべきかを考えていくことにつながり、それが次のステップへの一つのカギとなる。地球温暖化物質についても、どのような場面でどのように使われているのかを数値で把握し、指標を導き出すことが第一歩となる。

第2のステップ、すなわち実際に負荷を低減していくプロセスでは、把握したデータと現状をもとに、実施と見直しを継続的に行なうことが重要となり、評価など一過性のイベントではなく、継続的なサイクルになってこそ、効果が期待できる。エンドレスに循環するプロセスであることを分かりやすく示すのに、“Plan, Do, Check, Action” などといった文字が矢印でサイクルになった図表（図46）などがよく使われる。

外部への発信という第3の段階でも、関心を持ってもらい、素早くコミュニケーションをするために、視覚化は重要である。本書でも企業の環境報告書や環境に関わる広告（事故などの不祥事を起こした場合も含めて）について取り上げているが、環境や社会的責任（CSR）についての報告書は企業から外部へ発信する一つの形態として重要性を増している。加えて、端的で効果的な視覚化の手段として、自社のラベルや第三者による認証マークなどに積極的に取り組んでいる企業は多い。

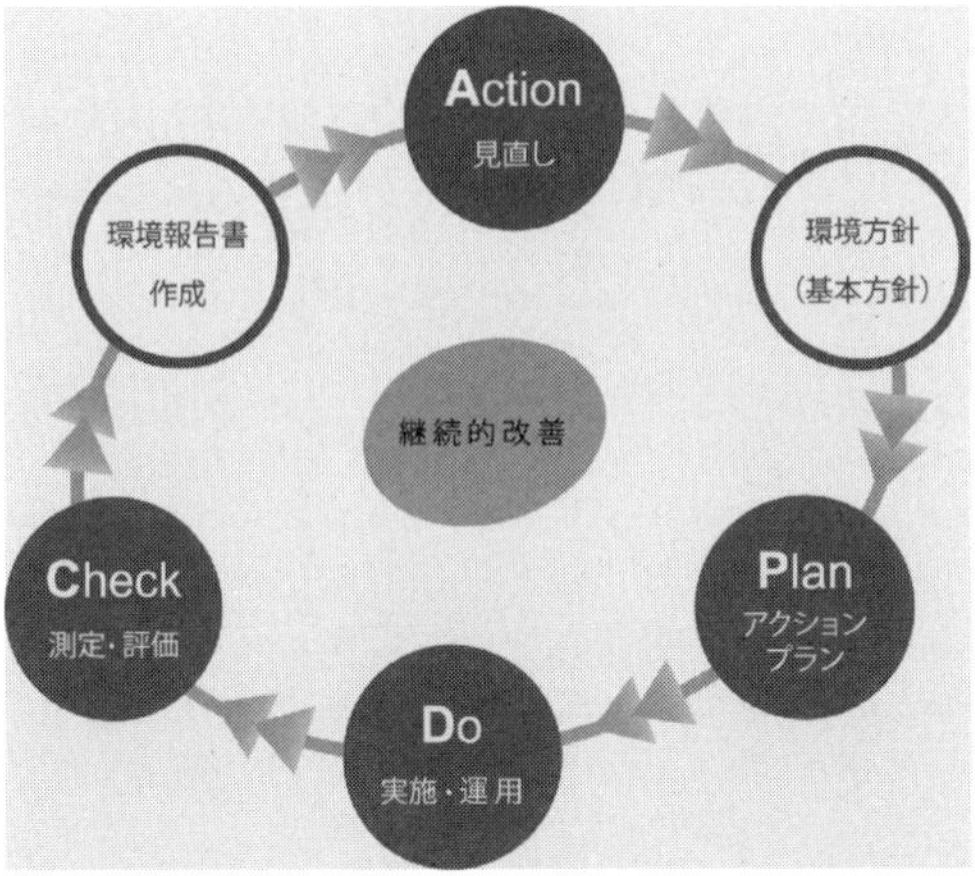

図46　PDCAサイクル（名古屋市立大学『環境報告書2010』より）

とりわけ、製品の環境に関わる発信として、カーボンオフセット、生態系への配慮、リサイクルなどへの取り組み姿勢を示す認証ラベルの事例は数多い。木材あるいは紙などの木材製品に見られる、環境に配慮した管理がなされている森林から生産された製品であることや、適切な流通経路であることを示す認証マークが代表例であるが、最近では、カーボンオフセットのラベルがついたポテトチップスもあれば、カツオなどの魚やパームオイルの製品などにも認証が存在する。もちろん、説明文のような形での発信も考えられるが、パッと見で活動を伝えられるメリットがあるマークやアイコンのような形態をとったラベルが多用されている。

企業の環境への取り組みは、ある意味で、体重を定期的にはかるとダイエット効果が上がるというのに似てなくもない側面がある。なんとなく「やらなければ」という思いや決意をいだくだけでなく、数値など見える形で把握すると、目標を立てたり、改善策を立てたり、あるいは意識を変化させたりすることへとつながっていく。つまり、「見える」ということは、自分たちの事業や製品から発生する負荷を把握するうえで、さらには消費者や取引先とコミュニケーションするうえで、カギとなる要素である。

一方で、そうした数値や認証ラベルが第三者によるある程度客観的な審査を経たものなのか、あるいは宣伝目的の自社独自のものなのか、実際にはどのような形で配慮や活動を行なっているのかといったことについて、社員が熟知してなかったり、理解しないままであるおそれもある。環境報告書についても、「自分たちの環境報告書を一番熱心に読んでいるのは、競合他社の社員」という笑えない話もある。報告書を作成するにしても、ラベル取得を目指すにしても、事業者は漫然と行なうのではなく、外部への情報発信をどのような質で行ないたいのか、また消費者はどのような情報を知りたいのかを考えることがポイントとなる。「見える化」は改善のための有効な一歩だが、やみくもな数値化や自己目的の情報公開も少なくないことから、どのような発信とコミュニケーションを行ないたいかを考えることが原点ではなかったかという指摘が、欧州の経済や経営学の専門家からなされている。

なお、今まで述べた話はあくまでも各企業それぞれの事業や製品が対象であり、道路やダムなどの公共事業や広域の開発については、環境アセスメントや地域住民を含む合意形成など他の要素も必要となり、「見える化」はますます重要となろう。

参考文献
山地秀俊・中野常男・高須教夫（1998）『会計とイメージ』（研究叢書49）神戸大学経済経営研究所
國部克彦・伊坪徳宏・水口剛（2007）『環境経営・会計』有斐閣アルマ

企業の社会貢献

経団連が特別委員会として設置した自然保護協議会で、生物多様性の宣言を策定した際に、企業がどのような環境に関わる活動を行なっているか、あるいは支援しているかというアンケート調査を行なった。そこで明らかになったのは、森林の分野での活動が非常に多いということだ。申請があった520以上のプロジェクトのなかで、森林の調査、保全、植林などに関わる活動が200以上を占めていた。2011年が国際森林年ということもあり、民間企業と地方自治体やNPOとの連携による森づくりなどが盛んであり、筆者自身も企業の森づくりについてコメントやアドバイスを求められる機会が増えたが、それにしても、少々偏りすぎというぐらいいい方もできるほど森林分野に活動が集中している。

確かに、森林分野の活動は取り組みやすく、各方面にメリットもあるようだ。企業の社員にしてみても、ボランティア活動に参加することで、普段の職場とは違う社会や環境面で貢献をしているという充実感を得たり、人と人のつながり、ネットワークを広げられたりというメリットがある。特に植林は、成果が目に見えるので、参加した社員が貢献したという感触を得やすい活動である。

地方自治体にとってみても、企業がボランティアで森林に関わる活動に参加することによって、放置されていた森林の間伐などの手入れができたり、あまり人が訪問しない地域での交流が図れたりと、資源の有効活用や地域の活性化という意味で有意義となる。

図 47　広島県庄原市にある森を探索する筆者

森がある地域の住民にとっても、大企業がその場所で活動をしてくれること、またその社員が訪ねてきて活動をすることで、自分たちの地域にある価値を見直して、活力が生まれるきっかけにもなろう。

このようによい側面は多い。だが、同時に気になる点もいくつかある。第一に、企業による現在の森林での活動が、短命な自己満足のものに終わらないかという懸念が払しょくされない。社有林など会社が土地を所有して活動している場合を除いて、企業の森づくり活動の多くは3年とか5年と期間が決まっており、その継続性や広がりに不透明な要素がある。また、社有林の場合であっても、環境関連やボランティアに携わった一部の部署が関心を持つだけでは十分な広がりは期待できない。企業全体に関心が広がれば、活動の幅も広がり、多様化を図ることもできるだろう。さらには、社有林が地域の人びとにも解放されて、計画や議論に加わるようになれば、住民に自分たちの地域で起きていることなのだという自覚を促すことができる。

また、里山などの牧歌的なイメージの社員の福利厚生的な意味合いで活動しているのではなく、「社会貢献」として活動しようというのであれば、地域社会が現実に直面している問題、例えば雇用や獣害の話にも耳を傾ける必要があろう。農林業を営む地域社会では、クマ、イノシシ、シカなどが増えすぎて、経済や生活に痛手を被っており、その解決策に苦慮している。一方で、増えすぎた獣に畑を荒らされたり、あるいは通学路や生活圏で危険にさらされるなどの獣害に、正面から社会貢献として取り組んでいる企業活動は、私の知る限り極めて少ない。シカなどに苗木や若葉を食べられてしまわないよう、植樹の際にネットを準備している程度である。もちろん、狩猟や野生動物の管理などは専門的な知識や技術も必要となり、誰でも参加できる活動ではない。しかし、シカを駆除している活動などは「環境保全」という絵になりにくいことが、獣害に手をつけずにいる何よりも大きい要因なのかもしれない。

ただ、地域での実際のややこしい問題は素通りして、植林だけを励行しても、企業と地域社会、あるいは都市住民と地域社会の交流にはつながっていかず、社会貢献としては片手落ちといえよう。企業には企業としての立場や限界もあるだろうが、取り組みやすく、地域社会の現状に利する貢献は、植林以外にもあるはずだ。例えば、社員が宿や民宿に泊まりながら、地域住民と交流をして、地域の森林や伝統料理、工芸品に触れるといった、体験、交流型の滞在などは、地域社会の経済活性化につながり、社員も楽しみながらできる重要な貢献になりそうだ。

企業の側が、環境保全という活動をきれいな絵にしようということばかりを先行させずに、地域の人びとが実際に望んでいることにも視野を広げ、お互いに楽しみながら継続して行なえる活動を考えてみるというのは、重要な一歩ではないだろうか。

コーヒー認証

コーヒーは世界で最も多くの国で愛飲されている嗜好飲料であり、毎日欠かさずに飲むというコーヒー好きも多いが、コーヒーの生産については意外と知られていない。コーヒーは、白い花をつける常緑のコーヒーノキの種子から収穫されるコーヒー豆を原料としており、南北の回帰線の間のコーヒーベルトともいわれる地域を中心に栽培され、その栽培面積は全世界で１０００万ヘクタール以上に及ぶといわれている。

ブラジルは最大の生産国として名を馳せているが、第二位の国はあまり知られていない。実は、東南アジアにあるベトナムが現在は世界で第二位の生産高を誇っており、ロブスタという種を主に生産している。

ところでコーヒーは、日陰でも育つ、森林と共存できる数少ない作物である。つまり、コーヒーを栽培するために必ずしも森林を伐採する必要がなく、コーヒー栽培は原生林の保護や森林の再生とも共存できる可能性を秘めている。そうした栽培方法ができあがれば、森林保護と生活の板ばさみになっている地域社会にとっては、貴重な現金収入の道にもなるはずだ。

図 48　コーヒーの値段の他に地元生産者、環境への配慮も欠かせない（マウンテンコーヒー株式会社　岩山隆司氏提供）

しかし、現在までのところ、コーヒーにつきものの価格の変化が、コーヒー農家を苦しめてきた。加えて、持続可能ではないコーヒー栽培によって、地元の生産者の疲弊のみならず、森林などの環境が損なわれるおそれは大きい。そこで、環境保護団体をはじめとしたさまざまなＮＧＯは、サステナブルコーヒーと称される、自然環境や人びとの生活に配慮したコーヒーの生産や流通を推進する活動を行なっている。その一環として環境、生産する地域社会の賃金や公平性などについても配慮していることを示すロゴマークが何種類か存在する。

それぞれの観点から生産者との公平性、経済性、品質、環境への配慮などを評価し、生産者の認定、生産者への支援、商品の品質の保証などを行なっている。ただし、有機や土壌への配慮など、環境の側面にだけ特化していても、それだけでは、持続可能とはみなされず、それは大事なポイントとなっている。地元住民がきちんとした賃金を受け取れるのかどうか、品質が均一であるよう管理されているのかどうかといった観点も、長く続けていく上では重要となる。

図 49　有機認証と合わせて持続性を示す認証を取得したことを示すファーストフード店のトレー紙

コーヒーと環境の議論をめぐっては、「コーヒー栽培を止めてしまって、農地を自然に戻してしまうのが一番だ」という主張をする人もいる。一見分かりやすい主張だが、そう簡単な話ではない。コーヒー栽培が行なわれなくなってしまっても、その地域社会の人びとが生活していくための手段は残されているのだろうか、あるいは貧困から違法伐採などが行なわれてしまうような事態とならないのだろうか、など検討すべき問題がさまざまある。

コーヒーを栽培している発展途上国などでは、環境だけを取り出して解決するということはできない。どうしても地域社会の生活などの問題が絡んでくる。地域の経済や生活水準の底上げを図りながら、いかに持続可能にしていくのかということが課題となる。

コラム④　ベロニカ

「ベロニカ」は、女性の名前として映画やゲームにもたびたび登場し、花の名前にもなっているが、もともとはキリストにまつわる聖ベロニカ伝承に由来する。キリストが十字架を背負いゴルゴタの丘へ向かう苦難の姿を目にしたベロニカは、その姿を憐れみ、苦しみを和らげようと、自身が纏っていたスカーフを差し出した。キリストが顔を拭くと、その布にキリストの顔が浮かび上がる奇跡が起きたという物語である。

ベロニカという名前はラテン語の「Vera Icon」が縮まったものと考えられている。「Vera」とは「真の」、「Icon」は「図像、特に聖画像」を意味する。つまり、ベロニカとは「真の聖画像」といった意味合いになり、キリストの顔が写し出された奇跡のスカーフを聖顔布として崇める気持ちが込められているともいわれる。

図 50　ハンス・メムリンク「聖ベロニカ」　The Yorck Project が作成し GNU Free Documentation License のもとに公開されている画像を利用

ちなみに、「Icon」は英語読みすると、「アイコン」である。現在、アイコンは、コンピューター用語として、メッセージを圧縮し、それを一見するだけで伝える図像としてお馴染みだが、その起源はキリストの顔に浮かぶ「痛み」や「苦痛」をも写したスカーフが、キリストの思いを広く伝える役割を果たしたことにある。いわば、ベロニカのモチーフはアイコンの原点ともいえよう。

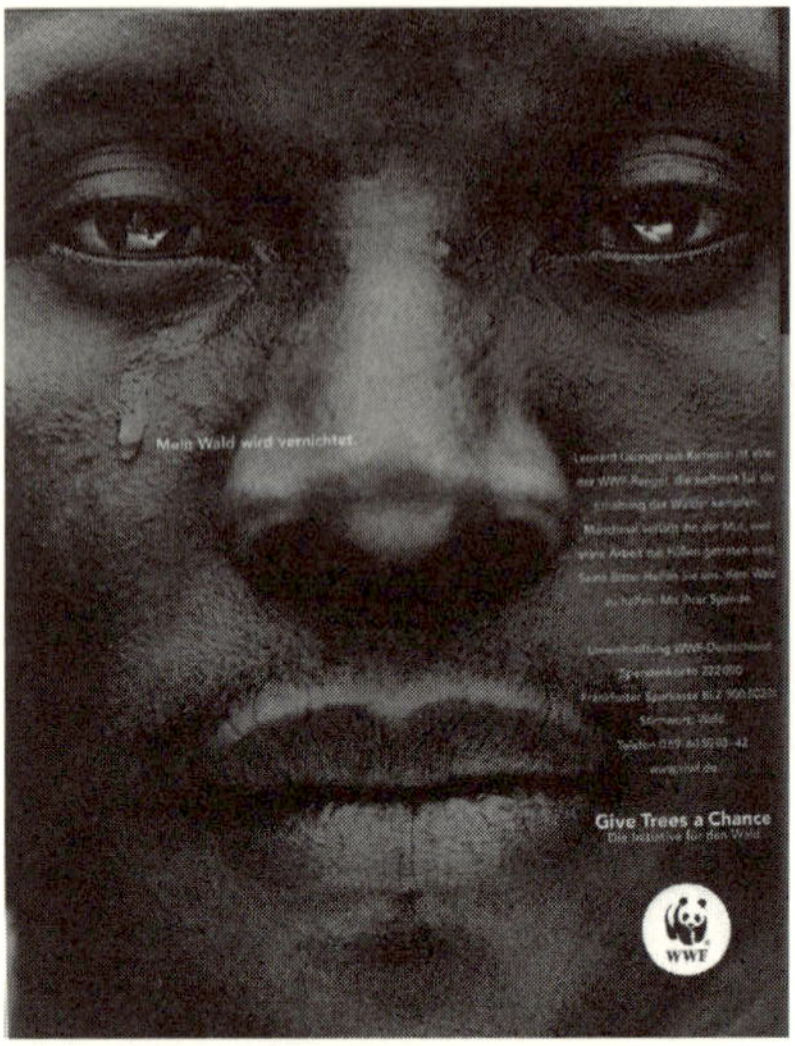

図51　ドイツWWFの森林保全のキャンペーン写真

そうしたベロニカのモチーフは、現在、環境に関わるNGOのキャンペーンのなかでも使われている。掲載した写真（図51）はその一例である。以下に、ブレーメン大学のフリットナー教授が行なった分析を紹介する。

世界自然保護基金（WWF）が、森林の保全を訴えたキャンペーンで使用したものだ。黒人の顔のアップとなっている。右目から涙が一滴落ち、口は閉じている。右頬の涙の先に「私の森が失われてしまう」と太い文字で記されている。左頬には、カメルーンにいるWWFの森林レンジャーの一人で、世界中で森林保全のために闘っていることが端的に紹介されている。次に、彼が時に挫けそうになってしまう窮状を述べ、そして「彼からのお願い‥どうか木を守るチャンスを下さい。WWFに募金をして下さい」と呼びかけ、銀行の口座番号が記載されている。最後は、「木々にチャンスを」というスローガンとWWFのロゴで締めくくられている。

全体として、涙を流し、苦悩する顔のアップはベロニカのキリスト像を思い起こさせる構図となっている。写真に服装や髪が写ってないことから、アフリカという社会や文化の文脈が切り取られ、苦悩のみが強調される構図となっている。一方で、口を閉じ、涙を流す姿や、「彼からのお願い」といった文言は、自力で森林を保全していくことができず、無力で助けを必要とする点が強調されている。

確かに、募金を呼びかける題材なので、現場の人びとが助けを必要としていることを強調するのは当然という考え方もあるだろう。ただ、無力なことを強調するあまり、本来はパートナーとして意思決定や保全活動に関わっている現地のスタッフが、自助努力もせずに善意の募金に依存しきった他力本願であるかのような印象を与えかねない弊害もある。

口を閉じて涙を流す構図は、児童虐待のポスターといった、社会事業などの場面でも使用されている。募金や善意を呼びかける力がある半面、対象となる存在が無力で自分で解決する力がないことを強調しすぎ、誤った印象を与えてしまう可能性があることに注意が必要だ。

こうしたモチーフの原点であるベロニカのスカーフに写されたキリストの苦悩は、むしろ深い思いと強さを伝えている。ＮＧＯなどの活動であっても、本来は、求められているのは共感や同情だけではなく、何がそのような事態を引き起こしているのかという想像力と行動であろう。先進国から発展途上国、あるいは都市部から地域社会への環境保全分野での交流や支援での失敗例は、思い込みにもとづいた一方的な価値観の押しつけは、いくら善意であっても機能しないことが多いということを物語っている。地域の人びとが協力や支援を必要としているにせよ、自分自身の問題や活動として捉え、前向きに動き出せるような文化を醸成していくことが何よりも重要なのではないだろうか。

参考文献

Michael Flitner（1999) Im Bilderwald. Politische Ökologie und die Ordnungen des Blicks. Zeitschrift für Wirtschaftsgeographie 3-4, pp. 169-183

Ⅳ　未来の風景に向かって

国際的な摩擦、事故や災害を乗り越えて前進すべき今、企業の倫理、行政のリーダーシップ、市民社会の行動力などが問われている。森や生きものの物語が、これからも紡がれ続くような未来の風景に向けて、青写真が描かれつつある。

生物のいる風景を

動物園とコラボする企業

動物園とコラボレーションする企画や商品を販売し、それによって動物園を応援しようという企業が相次いでいる。例えば名古屋市では、名古屋銀行が地元の東山動植物園を応援する定期預金を売り出している。その定期預金を申し込むと、預金総額の0・03%相当額が銀行から東山動植物園に協力金として提供され、動物のエサ代等に充てられる仕組みになっている。預金をする側に負担はない。昔からボランティア預金などはあったが、地域の動物園に貢献でき、しかもエサ代に目的を特化しているという目新しさから、報道機関を中心に注目が集まった。名古屋銀行はその他、顧客プレゼントとして東山動植物園グッズ、同園で開催される講座への招待状などを配布したり、行員が動植物園でボランティアの清掃活動に参加したり、さまざまな協力を行なっており、2010年3月には「東山動植物園の支援・協力に関する覚書」を締結している。なお、動物園とのコラボではないが、地元で開催されるCOP10を応援しようと、中日信用金庫は会期前に「生物多様性について考えてみませんか定期」という定期預金を売り出し、やはり総額の一部をCOP10の開催費用に提供した。

また、名古屋に本拠地を置く電機メーカーのブラザー工業も、地元の東山動植物園の支援として、コアラのエサ代に対する募金活動を行なった。実は、新鮮なユーカリしか食べないコアラは、動物園でもっともエサ代がかかる生きもののとのこと。年間の一頭あたりのエサ代は、ゾウでも４００万円程度であるのに対し、コアラは１０００万円を超えることもあり、まさに動物園泣かせである。しかし、いくらエサ代がかかろうと、粗末には扱えない理由がある。東山動植物園は多摩動物園などと並んでコアラが日本にはじめてやってきた動物園であり、しかも最初に繁殖に成功した動物園ということもあり、同園にとってコアラはシンボルともいえる存在なのだ。１９８４年にコアラがやって来ることが決まった際に、ブラザーはコアラ舎の建設に寄付しており、そうした縁もあってコアラに特化した募金活動を行なったそうだ。

図52　円山動物園とのコラボのお菓子

飲料大手のアサヒビールも「東山動植物園再生プランに関する連携と協力の協定」を結び、アジアゾウエリアの整備の一環として進められたメス用プール建設の支援、あるいは顕微鏡の寄付など、東山動植物園の再生に寄与している。同時に、動物や水に関するシンポジウムや講演会なども積極的に開催し、動物園と連携した活動も行なっている。市民も交えたシンポジウムから、植物園と一体であること、周りが里山のような緑地で囲われていることが東山動物園の魅力の一つであるのが明らかとなるなど、側面からの支援も成果をあげている。なお、動植物園自体の大きさは80ヘクタール程度だが、自由に出入りできる周囲の緑地を合わせると400ヘクタール以上にもなる。

名古屋以外の場所でも、例えば札幌の「菓か舎」という会社が、「しろくまバターせんべい」を販売し、ホッキョクグマの飼育と繁殖に取り組んでいる札幌市円山動物園に売上げの一部を寄付している。一見、動物とはあまり縁がなさそうな銀行や電機メーカーなどの企業であっても、それぞれの場所の動物園とコラボレーションをすることで、地元市民にとって親しみのある場を維持することに貢献しようとしている。同時に、企業のイメージや知名度のアップ、あるいは商品の売上げにもつながる一挙両得の可能性を持った取り組みともいえよう。

動物や森の見せ方

地方自治体などにとって、一般市民を対象にしたアンケートの結果は、どのような方向で事業や行事を行なっていけばいいのか、どのような要望が多いのかを把握するうえで重要となる。調査対象の場所に行くまでの所要時間や交通費、あるいは周りの不動産の価格などからその場所にどれくらい人気がありそうかを割り出す方法なども経済学の分野にはあり、「好きですか、嫌いですか」といったダイレクトな質問のほかにも、種々のアンケートが行なわれ、結果が多岐に活用されている。

ただ、難しいのは、要望の多い項目を言葉通りに実行すると、本来の目的と矛盾してしまう場合もあることだ。例えば、実際に動物園で取ったアンケートを見ると、「動物のありのままの姿を見たい」という要望が数多く出てくる。「動物のありのままの姿」というのを「自然に生きている姿」と理解すると、多くの大型動物は森や草ヤブに隠れてしまい、ほとんど人目に触れなくなってしまうことを意味する。つまり、動物園に来ても、動物は見られないということにもなりかねないのだ。また、活動している時間帯が深夜から早朝という動物も多く、ナイト・ズーなどが必要となる。アフリカのサファリ・ツアーなど現地ツアーに参加すれば、ある程度実感することだろうが、活動しているライオン等の野生動物を実際に見るのは、いつでもどこでもとはいかず、なかなか骨の折れることなのだ。なお、北海道の旭山動物園は、動物が動く姿をさまざまな角度から見られるように工夫した「行動展示」というやり方が評判となり、一大ブームを巻き起こした。ただ、チューブ状の水槽のなかを泳ぐシロクマなどは、若干ショーやサーカスに近い要素もあり、決して自然な姿を見ているのではないことは心に留めておく必要がある。

また、アンケートで「動物のありのままの姿を見たい」と答えた同じ人が、「動物園の臭いを何とかしてほしい」という要望を出してくることもある。風が吹きわたる広々とした草原といったような奇麗な絵を、「ありのままの自然」として思い描いているケースはままある。動物園を運営する側は、言葉の背後にある意図を想像しつつ一般市民の要望をしっかりと受け止めながらも、「実際の動物や植物はこうですよ」という啓発的な意図を込めた展示というものも必要となっている。

森についても類似の現象が起きており、「自然らしい」森林を訪問したいという要望や欲求が高まってきている。ただし、自然らしい森林というのが、実際に水やりなどの手入れをしない、あるいは必要としない森なのかどうかは別問題となる。東京の明治神宮の森も、一見自然に見えるが、実際には全国からの献木が混ざっており、決して自然のままではなく、管理にかなりの人手を要する森となっている。

一方、ドイツなどヨーロッパでは、「自然に近い林業」を謳った林業が盛んだが、この場合も、自然に近いイコール人手を介さないということではない。確かに、自然に放っておいて植生が戻ってくる天然更新や天然林施業を行なおうとしているので、手を入れないで済む部分もある。だが、もともとその土地にあった樹種に戻したり、さまざまな樹齢の森林にしていこうとすれば、下手すると、これまでの木材を生産するために間隔や高さを揃えた針葉樹林などよりも手間がかかってしまうこともある。

人手を介した森林、あるいはそもそも人間がつくった動物園などにおいては、「本来の自然」とか「自然のまま」とは文字通りの意味とは多少のズレがあるようだ。それを踏まえたうえで要望を受け止め、どのような見せ方、管理をしていくかは知恵の見せ所といえよう。

動物が見えない動物園

動物園というと、まずは娯楽やレジャーの対象としての利用が思い浮かぶが、希少種の保全の場だったり、私たちと動物のつき合い方を考えさせてくれる場だったりもする。どこに重点を置くかによって、動物園のあり方、展示の仕方も変わってくるようだ。２００９年に訪れたフィンランドの動物園は、あらためて生物多様性と動物園の役割について考える場となった。

図53　コルケアサーリ動物園は船でも入園できる（フィンランド・ヘルシンキ）

北欧の国、フィンランドのヘルシンキ市のコルケアサーリ動物園は、島全体が動物園として設計され、人呼んで「海に浮かぶ動物園」。動物園には地下鉄も通っているが、来場者の多くはフェリーで海路、島に向かう。ただし、冬場は海が凍ってしまうため、フェリーは就航しない。入場料は、フェリーを使うと12ユーロ（約１７００円）、地下鉄なら動物園の入場料の７ユーロ（約１０００円）のみ。少々高めの印象を受けるが、北欧の比較的高い物価水準からすれば、妥当な値段かもしれない。おまけの話だが、ヘルシンキ市内は６歳以下の子どもを連れていると、大人の公共交通の料金が一人分免除され、目に見える形で育児支援が行なわれている。

フィンランドにはスウェーデンやロシアとの相次ぐ戦争など波乱に満ちた歴史があり、コルケアサーリ島も、釣り場、材木置き場、駐屯地などと変遷をたどった。そして、１８８９年に動物園が開園され、今にいたっている。ちなみに、日本最初の動物園は、パンダでも話題となっている上野動物園で、コルケアサーリ動物園とほぼ同時期の１８８２年に開園された。島全体に広がるコルケアサーリ動物園は、敷地面積が22ヘクタールに及び、岩の多い地形に建設されている。動物は１５０種、植物が１０００種程度で、年間の訪問者数は、ヘルシンキの総人口とほぼ同じ、50万人程度である。

図 54　動物の姿が見えない檻（ネコの谷）

動物園に入ってすぐの坂を上がっていくと、「ネコの谷」と名づけられたエリアとなり、いきなり大物のトラやライオンの檻が現れる。ところが、檻のなかは植物ばかり。動物はほとんど見ることができない。ライオン舎にいたっては、まるで動物が見えないことが前提であるかのように、絵まで飾ってある。結局、動物の姿を見ないまま、「動物園というより植物園？」という疑問を感じつつ、「ネコの谷」を抜けて進んでいくと、やっと、保管用の檻で、壁側の草のなかにレッサーパンダの姿を辛うじて見つけることができた。続くシカの檻は、植物の間から人間の方が覗き込むようなデザインになっている。カワウソ舎に進むと、ガラス越しに小川のなかで泳ぐカワウソが見えてくる。これ以降、岩山の上のヤギなど、距離はあるものの、多くの動物の姿を見ることができるようになった。

ところで、わざわざ動物園に来ていることを思うと、最初に通る「ネコの谷」はなかなか納得がいくものでない。ライオンやトラをお目当てにしている人にしたら、なおさらのことだろう。実際、動物園のホームページの「よくある質問」に、ズバリ、「どうしてライオンを見られないの？」という質問があった。回答は、「ライオンは、野性でも動物園でも、一日18時間から20時間は寝るか休んでいます。活動的になるのは暗くなってから。早朝か夕刻遅くが活動時間帯です。毎年9月に開催している、キャットナイトに参加すると、もっともアクティブなライオンたちの姿を見ることができます」とのこと。やはり日中に訪れた客には、トラやライオンが見えないのが前提のようだ。関係者に質問すると、「やはり地元でも動物を見られないことについては、議論あるところ。でも動物にとってよい環境が、人間にとって見やすい環境ではないことをまず知ってもらうという、教育的な意図もあります」との答えが返ってきた。

図 55　やっと動物の姿が見れる（カワウソ舎）

コルケアサーリ動物園の場合、動物たちのスペースが広々と取ってあったり、本来の行動や生態系の再現が重視されていたりする反面、観客の期待に応えようという意識はあまりないようだ。自然界の動物たちは、人間のために都合よく行動したり、生活しているわけではない。その意味で、生態系を再現した展示というのは、観客からすれば動物の姿をなかなか見ることができず、もどかしい部分もあろう。だが、動物園に多く寄せられる「ありのままの自然な姿を見たい」という要求には忠実に

図 56　スカンクの匂いが体験できる

応えているといえる。また、そのもどかしさが、実際に姿を目にしたときの感動を大きくするかもしれない。

一方、日本では、旭山動物園が「行動展示」という画期的な展示の仕方で、一躍話題となり、日本中の動物園や水族館に多大な影響を及ぼした。それまでの画一的な檻あるいは柵のなかで陳列する、百科事典のような展示とはまったく異なり、動物たちが動き回る様子を間近に、さまざまな角度から見ることができ、観客の感動は大きい。しかし、それが動物にとってもよい環境かということについては、疑問の余地があろう。つまり、あくまでも動物より観客の視点に立った展示といえよう。

両者のこの違いは、どちらがよいということではなく、目的や使命の違いといえるのかもしれない。動物園は、展示（娯楽）、環境教育、種の保全、調査研究などさまざまな役割を担っている。それぞれの動物園の歴史や社会的背景に応じて、どの部分に重きを置くかが変わってくるようだ。また、同じように生物多様性の観点から捉えても、生物本来の行動や生態系に重きを置く考え方もあるだろうし、知る、学習する場として、さまざまな種の動物の姿を実際に見て感動することの効果を強調する考え方もあるだろう。

なお、コルケアサーリ動物園は、「生物多様性の保全」を使命（Mission）としており、今後は近隣の島（Hylkysaari島）を研究拠点として活用することも含め、教育や研究への広がりも目指している。また、2008年の世界の両生類の危機を訴えるキャンペーンに参画するなど、啓発活動にも熱心に取り組んでいる。その一方で、スカンクが放つ異臭を再現する装置を置くなど、来園者が楽しめるちょっとした工夫もなされている。以前、名古屋市での動物園のアンケートでは、「ありのままの野生動物をみたい―でも動物の臭い匂いを何とかして欲しい」という要望があった。実際には両立が難しい要望、あるいはほとんど人間のわがままともいえるコメントだ。説教や科学的な説明をしてしまいたくなるところだが、スカンクの機械のようなちょっとした工夫によって、実際に身を守るためには色、匂い、などさまざまな手を使っていることなどを、楽しみながら「ありのまま」を体験してもらうことも大事な一歩だ。

コルケアサーリ動物園訪問は、先ずは出鼻を挫かれた形ではじまったが、終わってみれば大いに楽しんだばかりか、動物園と生物多様性を考えるよい機会になり、またポリシーを貫く運営姿勢に感心させられもした。動物園というのは、「動物を見られる場所」というのが一般的には常識かもしれないが、実は野生動物にしてみると隠れているというのも自然な姿であることを、子どもも学習できる場という側面もあるのだ。有名でなくとも近場にある動物園を訪れてみると、意外な発見があるかもしれない。

（本文は（財）環境情報普及センター「EICネット」に掲載された原稿を修正・加筆したものです）

参考文献

「海に浮かぶ動物園と生物多様性」：ヘルシンキのコルケアサーリ動物園を訪れて
http://www.eic.or.jp/library/pickup/pu091001.html

違和感の効用

ドイツのフライブルクのバス停で、ちょっと目を引くポスターを見つけた。アフリカのサバンナを思わせる草原を背景に、オオカミ、ライオン、トラと錚々たる顔ぶれの3頭が並んで後足で立っている上を、別のトラが飛び越えている写真が全面に使われているポスターだった。「どこかのサーカスの広告かな」と思いつつ眺めていると、下の方に「あなたは動物たちが自然にこのような動作をするとでも思っているのですか？」と書かれた文字が目に入ってきた。そこで、はじめて、動物の愛護や福祉を訴えるポスターであることに気づいた。確かに、自然界ではありえない光景に最初から多少の違和感は覚えたものの、サーカスの広告かなと思う程度で眺めていたのだが、そのフレーズによって、ジャンプするトラも、頭上を飛び越えられる3頭も、「人間を喜ばせるため」に、本能や自然の摂理に反した行動を強いられていることに気づかされた。イルカショーなどに対する批判でもいわれることだが、人間がショーを行なうために、おそらく苦痛を伴う、かなりの訓練を動物に強い、一種の動物虐待を行なっていることを、そのポスターは告発していたのだ。

人間（特に子ども）にとっての娯楽であるサーカスや動物ショーに関して、日本では目くじら立てて批判したり、異論を唱えるような広告はあまり見かけない。だが、欧米では、かなり根深い問題として議論が延々と続いており、動物福祉の分野で活動するＮＧＯは種々の手を用いてアピールしている。

題材とするテーマのタイプはまったく異なるが、人権問題に取り組むイギリスの団体が、ひとけのないバスで白人女性が乗り合わせた黒人男性を後ろから警戒するような視線でジッと睨んでいる写真を用いて、犯罪には気をつけようという趣旨のポスターを出した。黒人を差別した広告であると抗議の電話をかけると、このような広告に違和感を持ってもらい、議論してもらうためのキャンペーンであったことが電話口で告げられる。敢えて差別的な広告を出す手法に異論もあるだろうが、その是非はさておき、その広告は確かに話題を呼び、反響も大きく、新聞などマスコミでも報道され、結局のところ、違和感を持たせることで人種差別についてさまざまな人に考えてもらうようにするという当初の目的は達成された。

図 57　動物愛護のポスター
サーカスの不自然さを指摘

動物や人種差別の分野で展開されている、ある種のトリックを仕かけたキャンペーンでは、見た側が少し騙されたような印象を受けることもある。違和感を刺激することで自分たちが何気なく持っている偏見や思い込みについて考え直してもらおうという意図を込めた手法であるが、趣旨の説明がない場合や議論が巻き起こらない場合などは、かえって偏見や虐待などを告発する真の意図とはまったく違う方向に議論がいってしまうこともありそうだ。ただ、先の人種差別を訴えるキャンペーンなどは、そのような緊張感があって、「賭け」の部分があるからこそ、注目が集まったともいえる。「動物を守ろう」「人種差別をなくそう」といった正攻法の呼びかけだけでは、ほとんど効果が見込めなくなっていることも背景にありそうだ。

日本はというと、特に公共広告の場合、麻薬撲滅を訴えるキャンペーンの「ダメ　絶対」といったキャッチフレーズに見られるように、正面切った広告が多い。それとはまったく違う観点から、自分たちの偏見や思い込みについて考えるきっかけを与えてくれる、ひとひねりした広告についても検討してみる余地はありそうだ。

NGOのキャンペーン戦法

NGOはそれぞれの目的に向けてキャンペーンなどさまざまな活動を行ない、企業の行動、社会の動き、時には国の方針にまで大きな影響力を持ち、実際にNGOのキャンペーンによって行動を変えた企業も少なくない。そうしたNGOにとって、キャンペーンの呼びかけを新聞やテレビといったマスメディアが取り上げるかどうかは、目的達成の成否を左右する大きなカギとなってきた。だからこそ、日本企業もターゲットにされた不買運動、ビルに掲げられた垂れ幕、あるいは最近の顕著な例では調査捕鯨船への攻撃など、違法行為さえもいとわない過激で派手なアクションが繰り返されてきたわけだが、世間から非難されようと、注目を集めて、問題があるということを知ってもらうためという、NGOにしてみれば正当な理由があった。

しかし、最近では、その手法にも変化が見られ、多様化している。政策提案などを積極的に行ない、行動を鎮静化させる姿勢が見られる一方で、メールやユーチューブを使った攻撃的なキャンペーンも行なわれるようになっている。例えば、熱帯雨林破壊の可能性があるパームオイルを使用したということで、チョコレートや洗剤を製造したメーカーをターゲットにしたキャンペーンでは、NGOの呼びかけで、会社の代表に大量のメールが送りつけられた。動物愛護団体などは、養鶏場に潜伏し、鶏が狭い場所に押し込められ、足をつるされて流れ作業で運び出される様子などを無許可で撮影し、それを発信している。またキャンペーンの映像を不特定多数の人びとが共有できるユーチューブで配信し、それは繰り返し閲覧され、効果を上げた。手法は、すでにツイッターなどさらに手軽なものへも広がろうとしている。

こうした新しい手法は、情報を速く、手軽に伝えられる利便性から、ＮＧＯがキャンペーンを行なっていく上で新たな可能性をもたらした。だが、そうした利便性の裏には、当事者にも予測できない事態や無責任な対応を招くなどの危険性をはらんでおり、両刃の剣ともなりかねない。また、ＮＧＯの組織だった行動ではなく、個人の裁量で、２０１０年に尖閣諸島での海上保安庁と中国漁船の衝突の映像がユーチューブで配信されたり、あるいは、米国の外交文書の流出など機密の公開が相次いだりといった事象も見られるようになってきた。迅速で手軽でありながら、ある種の獰猛さを有した新戦力とのつき合い方については、成行きを見守りつつ慎重な議論が必要であろう。

美しい風景を次世代へ

五感を使って楽しく環境学習

環境に携わる専門家たちは、学生をはじめ一般の人にも環境の勉強をしてもらおうと頭を捻っているが、その最善の方法は何か。多種多様な理論や技術があり、「まずは、驚くこと」「疑問に思ったことを大事にすること」などなど、さまざまな意見が聞かれる。だが、体験する、あるいは五感を使うということが、どうやら環境学習の一つのカギとなりそうだということには、異論はあまりないだろう。教室での座学も大事だが、実地でいろいろな体験を積むと、吸収できる内容や密度が大きく変わってくる。

森林の勉強の例で代表的なツールといえば、樹名や特色を書いて樹木につけているプレートや樹名板だ。森林を歩けば勉強できるようにと、全国各地あるいは世界各国の樹木を集めて、道に沿って植え、その木々に樹名板をつけている場所もある。そのように意図的にさまざまな木を集めている例は大学の演習林などに多く見られるが、一般の森でもプレートをつけて勉強できるようにしているケースは珍しくない。東京の代々木にある明治神宮などは、全国から集まる献木が植えられていることから、人工的な森ではあるが、都会にいながらにして沢山の樹種を鑑賞できる場所となっている。ただ、いつもの決まった場所では樹木の名前や特色を覚えたつもりでいても、場所や季節が変わると違って

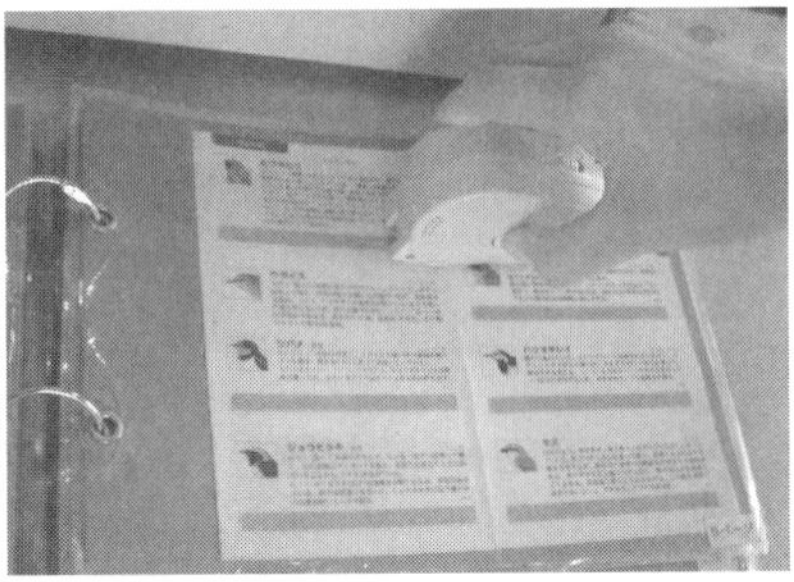

図 59　野鳥の鳴き声を再生するリーダー

図 58　実際のハクチョウの重さと大きさを実感できる人形（北海道・ウトナイ湖）

見えたり、似たような樹木が横にあると区別がつかなかったりするものだ。正解を出すには、樹種を見分け、区別していくための知識が必要となる。そこで、新宿御苑では、葉や幹の特徴を確認したり、理解を深められるように一工夫しようと、樹木医の石井誠治氏の考案でクイズ形式の樹名板を設置している。プレートを見れば即座に答えが分かるのではなく、ヒントからいろいろと考えて、自分なりの答えを出したうえで、プレートを持ち上げ、そこではじめて正解が分かるようになっている。

　では、直接、触ったり、感じたりすることが困難な場合はどうしたらいいのか。最近、環境関連のイベントのブースなどでは、実際の動物と同じ重さや大きさの人形を置いて、動物の重さなどを実感できるように工夫しているのをよく見かける。北海道のウトナイ湖野生鳥獣保護センターでも、湖に飛来するハクチョウと同じ大きさ、同じ重さにした人形を置いている（図58）。野生動物とその生息地の保全のために、あるいは、病気などのおそれもあるため、一般の人が間近に観察することが難しい野鳥という対象を、遠くから望遠鏡を使って見るだけではなく、その大きさと重さを実感してもらうという試みだ。他にも、生物多様性に関連したイベント会場に、ト

図60　「私には二酸化炭素１トンが含まれています」ドイツ国際森林年での広報

図61　森林保護区の面積の比率を比較したポスター（カナダ・モントリオール）

キなど希少動物と同じ重さの人形が置かれていた。また、このセンターには、さまざまな鳥の鳴き声を再生してくれるバーコードの読み取り機のような装置も設置されている。こちらは耳を使って、いろいろな鳥の違いを体験できるようになっている（図59）。

　次に、目でも見えないし、手でも触れないものはどうするか。これについても、一般の人が肌身で感じられるように、さまざまな試みがなされている。例えば、森林の保全や利用について広く知ってもらおうと、２０１１年に国連が定めた国際森林年のドイツでのキャンペーンの一コマだが、「私には二酸化炭素一トンが含まれています」と書かれた大きな角材が、ベンチの形にして置かれていた（図60）。「二酸化炭素一トンを貯蔵している木の大きさ」といわれても、なかなか想像しがたいだろう。そこで、その大きさを角材にして、実感してもらおうという試みである。

　保護区の面積の統計などであれば、さまざまな国や地域を比べるのに、数値を木の大きさや数などに置き換え、視覚に訴える手もある。カナダのケベック州のＮＧＯは、その手法を用い、自分たちの州では森林の保護区がいかに少ないかをアピールしている（図61）。米国とカナダからピックアップした数州を、面積率の大きい順に数値と一緒に木の本数でも示し、最後に「実はケベック州はたった３・４％しかありません」と結んでいる。

数値や統計というのは、何度も目にしていると分かったような気になっているが、何かの形に置き換えられ、触ったり、見たり、聞いたりと五感で体験してみると、それまでの知識が案外、実感を伴っていないものだという発見がある。なかには五感の一つ「嗅ぐ」を体験できるものもあり、先に紹介したヘルシンキのコルケアサーリ動物園のスカンクの匂いを嗅ぐ装置は、そのよい例である。また、山菜など自然の材料を味わったり、育てた作物を自分で料理して食べたりと、「味覚」にまつわる経験をした人も多いだろう。食べて終りではなく、そこから自然に対する興味や知識が広がれば、それも立派な環境学習となる。

参考文献
石井誠治（２０１１）『樹木ハカセになろう』岩波ジュニア新書　岩波書店

生物多様性を知ってもらうには

生物多様性条約の締約国会議が開催されるとなると、開催地では環境保全の広告が目につくようになる。街でよく見かける商品やサービスの広告と似た手法のものもあれば、それとはひと味違う公共広告のようなものもある。

図 62　「生物多様性にイェーイ」（ドイツ・ボン）

図 63　おいしい食事は組換え技術なしで（ドイツ・ボン）

例えば２００８年５月に第９回の締約国会議が開催されたドイツでは、ロバの鳴き声をもじって「生物多様性にイェーイ」とドイツ語が書かれた動物の保全を訴える大きな広告が、随所で見られた。また、遺伝子組み換え技術に反対するＮＧＯが作製した「おいしい食べ物は、遺伝子組み換え無しで」と訴えるポスターが会場に貼られた。

２０１０年10月に日本で開催されたＣＯＰ10でも、会場となった愛知県名古屋市でさまざまな宣伝が行なわれた。とりわけ公共交通機関での広告が目立った。例えば、地下鉄の扉にＣＯＰ10開催を告知するシールが貼られ、市民が目にしやすい場所で効果的な告知が行なわれた。また、朝日新聞社などはバス停広告を使い、バス停で生物多様性について考えるという仕かけで、「13分を考えるバスストップ」というプロジェクトを展開した。ちなみに、この13分というのは、地球上から1種の生物が消えていくと考えられている時間である。すなわち、およそ13分に1種、1日に約１００種の生物が絶滅している現状に思いを馳せ、生物多様性を考えようということが意図されている。

その他、地元の広告協会は、「うぐいす　だいだい　さくら」

図 65　生物多様性の吊り広告

図 64　生物多様性の危機を考えるバス停の広告（朝日新聞社提供）

といった生きものの名前がそのまま色の名前になっている言葉を出し、そうした生きものがいなくなってしまうと、その名前の色さえも失われてしまうことを訴える文字だけの広告を電車のつり革に出した。一方、読売新聞社は、開催した写真コンクールや絵画コンテストの入選作品を電車のつり革広告に掲載した。またCOP10の支援実行委員会では、地下鉄の先頭車両やドアにCOP10のロゴマークや中味の解説を貼りだした。そうした種々の広告は、地元では、かなりの反響を呼んだ。

ただし、一般企業が啓発目的の広告を打つ場合、アピールする点が本来の事業と遠く感じられると、「なぜその会社がやっているのか」という評価になってしまいがちだ。広告論に詳しい関谷直也氏の研究によると、例えば携帯電話が中心事業の会社では、リサイクルの広告は高く評価されていた一方で、「タイに学校をつくる」「イリオモテヤマネコの研究支援」をアピールする広告は、「なぜ携帯電話の会社がやっているのかという関連づけの部分が分かりにくい」という評価がなされ、その後はリサイクルに広告を絞っているとのことだ。

だが、携帯電話と生物多様性の関連づけを行なうことは無理で

図 66　マウンテンゴリラ保護のため携帯電話のリサイクルを呼びかける回収箱（ドイツ・ボン）

はなく、実際に行なわれている。携帯電話に使用されるレアメタルのタタンの産地は、マウンテンゴリラの生息域と重なっていることから、COP9でドイツの連邦環境省は「ゴリラを守るために携帯電話のリサイクルを」と呼びかけ、ゴミ箱の形をした回収箱を用意していた。WWFジャパンも、キャンペーン冊子の一項目、「私たちのくらしと生物の多様性」のなかで、マウンテンゴリラと携帯電話の関係性について指摘している。

このような注意点もあるが、街角でふと目にした広告がきっかけとなって、一般の人びとが生物多様性など環境問題に目を向けるようになることは大いにありうる。日常的に目にする場所に生物多様性を考える題材があることは、遠い場所や難しい問題だけではないと気づくきっかけとなりうる。例えば、口紅、洗剤、カレーのルーといった日用品も、原料に油ヤシなどが使われていれば、熱帯地方のプランテーションと関わりがあるかもしれない。また、携帯電話の部品もたどっていくと生態系と関係している。そうしたことは、身近であればこそ、かえって気づかなかったり、見過ごしていたりするものだ。国内でも、海外でも、生物多様性の問題が抱える課題の一つは、認知度の低さ。2020年までの愛知目標の第一は、認知度を高めることとなっている。「生物多様性」という言葉自体の認知度は高まってきたが、内容の理解となると、まだまだ不十分であり、今後も粘り強く働きかけていく必要がある。自分たちの暮らしとのつながりを、できれば楽しみながら考えていくように仕掛ける余地はまだまだあるはずだ。経済的な制約もあろうが、締約国会議の開催時期や開催場所に限らず、今後も、ユニークで効果的な広告活動が展開されることが期待される。

参考文献
関谷直也（2009）「第三章　環境広告の戦略論」『環境広告の心理と戦略』p. 327　同友館
WWFジャパン　キャンペーンのチラシ「私たちのくらしと生物の多様性」

地域ブランド

新しい概念やイベントを知ってもらうには、どのような方策があるだろう？　資金が潤沢であれば、テレビ広告や有名人を交えてのイベント、あるいは冊子づくりといったことが考えられよう。コンペを通じて選ばれた広告代理店などが提案する企画案は、この種のものが多い。効果は期待できるにしても、どうしても人手と予算がかかってしまう難点がある。

そこで「予算が少ない場合の効果的な方法」ということで使われはじめたやり方の一つが、公募型のコンクールだ。行政や業界団体は昔から作文、絵画、写真コンクールの類いを行なってきたが、とりわけ2000年以降は、厳しい財政事情の煽りを受け、少ない予算で広告効果の高い催しということで、市町村や都道府県の名前をつけた文学賞などが増える傾向にある。その意図はさまざまで、一

図67　2010年に発行された愛知県の記念硬貨（1000円）（財務省提供）

図68　2010年に発行された愛知県の記念硬貨（500円）（財務省提供）

ターンやUターンなど都市部から働く人びとを呼び込むことを狙っている場合もあるし、かつての公害被害から定着してしまった「公害の街」などの負のイメージを刷新しようという、地域ブランドの観点から企画する場合もある。

　ところで、生物多様性条約の第10回締約国会議（COP10）においても、生物多様性の言葉や概念、あるいは会議開催そのものを周知や普及するために随分と多くのイベントが開催された。その手法について、筆者も環境省の広報参画普及委員会を通じて、行政の関係者、雑誌編集者、科学者、産業界の代表と議論を重ねたが、行政主導のイベントというのは、広く普及するのに効果的な側面もある一方で、「トップダウンのやり方」という批判もついて回る。

　しかし、行政主導であってもコンクール形式であれば、一般市民にすれば参加できるという意識を持て、行政の側にしても参加させることができたという感触を得られ、トップダウンのイメージが薄らぐという大きなメリットがある。ただ、専門家の審査なのか市民投票によるものなのかなど、その選考方法や運営方法は、結局のところ主催者側が仕切っている。つまり、見せ方や組織の仕方次第では、主催者側が影響を及ぼすこともできるので、コンクールであればトップダウンではなく民主的だというのも、やや一面的な見方であろう。しかし、結果への納得感が大きく、費用対効果も高いということで、現実としてはコンクールに注目が集まっている。

なお、コンクールのような市民参加型ではないが、地域色を出す企画として、「地方自治法施行60周年記念の貨幣の発行」が国の主導で平成19年から進められている。これは47都道府県ごとのデザインをあしらった５００円のバイカラー・グラッド貨（注４）と１０００円のカラー銀貨を、平成20年から28年までの間に順次発行していくというものだ。表面のデザインは、コンセプトの提案を委ねられた各都道府県が、ごくごく限られたスペースに地域のシンボルになるような動植物や建設物などを入れ、創意工夫を凝らしている。５００円は色がつかないなど、硬貨自体のデザインには多少の制約があるが、硬貨を収納する箱に写真や説明書きを入れて、地域の独自性を強調することができるようにもなっている。

図69　自然のシンボルが多い北海道での記念貨幣

例えば、筆者もデザインについての議論に参加した愛知県では、愛知万博の原点ともいえる海上の森やラムサール条約登録湿地である藤前干潟が写真の候補地として挙がった。議論において、藤前干潟は、大自然というよりは干潟の背景に工場地帯の煙突が見えているのが、かえって自然の保全と産業を両立させようとしている地域の特色を表しているという専門家の意見もでた。また、硬貨のデザインについては、どのような絵柄がふさわしいかを県民に問うアンケートも行なわれた。実にさまざまなアイデアが寄せられたが、最終的には、渥美半島の先端にある恋路ヶ浜、県庁の建物、県花であるカキツバタ、金鯱をあしらったデザインに落ち着いた。恋路ヶ浜の砂浜は、絶滅が危惧されているアカウミガメの産卵地であることなど、自然保全のメッセージが秘かに込められている。また、県内の刈谷市にある小堤西池のカキツバタ群落は日本三大カキツバタ自生地の一つであり、県内の観光や名所のアピールもしている。

記念硬貨のデザインに地域の特色を出せるよう創意工夫を凝らしたり、自治体主催のコンクールを開催したりといったことに限らず、地域ブランドや街づくりについては、さまざまな試みが全国で行なわれている。以前は、訪れてみたい場所として、名所旧跡、あるいは珍しいモノや施設が主流であり、一村一品運動などもあった。現在は、観光だけでなく住んでみたいと思ってもらえるような場所となることなど目的も多角化し、その場所や地域での体験や交流も含めて、観光資源の発掘や地域ブランドの構築を目指して各自治体や民間が知恵を絞っている。

注4　偽造防止力が高い二色三層構造の硬貨。主要国では、ユーロ圏の貨幣（1ユーロ、2ユーロ）のみ。

参考文献

電通 abic project（2009）『地域ブランド・マネジメント』有斐閣

六次産業化

産業は、社会の授業で習ったように、農業、林業、漁業など、直接、自然界の産物を利用・生産する第一次産業、第一次産業で生産されたものを原料にして加工、製造していく第二次産業、そして商品やサービスなどを提供する第三次産業と分類されているが、最近、その３つの産業を組み合わせて活性化させようという取り組みが、国の支援ではじまっている。この取り組みは、第一次の1、第二次の2、第三次の3を足して6となることから、「六次産業化」と呼ばれたり、それぞれのセクターの強みを活かして連携していこうということから「農商工連携」と呼ばれたりする。

農林水産省の冊子では、創意工夫を凝らした各地のさまざまな事例が紹介されている。例えば、広島県の噛まずに食べられる柔らかい食品、熊本県の地元産ないし国産の食材100％のラーメンなど、食品製造会社が加工技術を提供して地元の農作物から新しい食品を生産している事例もあれば、形や色などの理由から味に関係なく販売できなくなったブドウを有効活用する島根県の事例などがある。島根県の事例については、食べられるのに破棄される野菜や果物、いわゆる「規格外品」を有効に活用している点で、経済にも環境にもよい一石二鳥のアイデアといえよう。こうした種々の取り組みからは、高齢者に対応した商品の開発、国産の農作物の市場の拡大、規格外品の有効活用といったさまざまなメリットが挙げられている。また、農作物や果物の収穫や加工品の製造への参加を広く呼びかけるプログラムもあり、地域ならではの体験ができ、交流も図かれるというメリットから注目されている。

埼玉県神川町には、体験型の観光を軸に、１２０年以上の歴史がある醤油づくりの老舗と、有機農業を60年以上にわたって続けてきた農家が連携し、「6次産業化」「農商工連携」を実践して成功した例がある。具体的な連携としては、醤油メーカー側は原材料の大豆を連携先の農家から一括して購入している。また、もともと醤油メーカーとして培ってきたノウハウを活かし、豆腐、味噌、漬物づくりを組み込んだ体験教室を開き、そこでの材料も農家から購入している。体験教室は、参加者が材料としての農作物への関心を高めるという相乗効果も期待できる。一方、農家側は「畑の学校」を開催し、技術指導することで、醤油メーカーの施設の見学や買物に訪れた客が農業を体験できるようにしている。こうした連携によって、醤油メーカーにすれば安全な原料の確保、農家にすれば農作物の安定した販売ができるそれぞれのメリットに加え、訪問客を呼び込む力も生まれている。

ただし、農業と製造業が協力して、観光や新しい商品を生み出したからといって、必ずうまくいくというものでもない。この神川町の例で見ると、周辺に観光名所があるなど、もともと人が集まる要素があったことも成功の要因となっている。具体的には、地域の城峰公園に冬に咲く珍しいヤエザクラがあり、しかも開花時期が10月から12月まで長期にわたっていることが強みとなっている。さらに、渓谷下り、温泉、お祭りなどで賑わう長瀞という観光名所が山を越えた位置にあり、そこを訪れた観光客が足を伸ばせる距離であることも幸いしている。

また、神川町の場合は農業と加工業と観光地の三者がある程度の範囲のなかに集積しているが、これが三者のいずれかでも遠くに位置しているとなると、連携成功は難しくなる。また、醤油や味噌をつくっている蔵、水の取り出しなどを見学できるようにして、観光客を受け入れようとする加工業や農家のオープンで積極的な気持ちも、成功に大きく貢献している。

農業、加工業、サービス業のそれぞれが、新しい可能性を求めながら連携を模索しはじめたわけだが、そのなかで「生物多様性」は一つのキーワードとなっている。これまでも農村での交流・体験型の観光の議論のなかで、田んぼや畑の付加的な機能として「生物多様性を保全する」ということが謳われることは多かった。食糧・農業・農村計画について農林水産省が作成した入門の冊子「私たちがつくる食と農のあした」でも、田んぼの働きとして、ダム機能や土砂崩れを防いだり地下水をつくる機能と並んで、さまざまな生物の生息地になっていることが挙げられている。だが、六次産業化の取り組みにおいては、農業が保全に貢献していることと関連して農業への関心を高め、活性化させようということからさらに積極的に、生物多様性そのものを資源として活かそうとする動きが見られ、「商売のタネ」になっているものもでてきている。生物多様性によって新しい可能性が生まれることは喜ばしいことであるが、それが大きく実を結ぶかどうかは、農林業などの分野、集落の再生など現実的な日本の国土の問題でも広がっていくことができるかどうかが分かれ道となりそうだ。

世代間の格差

年金問題をめぐる世代間の格差について、論議が花盛りである。現在の年金受益世代は支払った額以上の年金給付や医療サービスを受けられるのに対し、現役世代は不利だといった議論が盛んに起きている。一方で、年金受益世代にしてみると「戦後の復興や高度成長を支えたのは我々だ」という思

図70　こどもCOP10の準備会合の様子

いもあるだろう。その賛否や是非はさておき、世代間の摩擦を起こしかねない問題は、年金だけに限ったことではない。環境の問題は、世代間の格差というものが、年金問題ほどには表立って取り沙汰されてないが、より鮮明な形で出てきてしまうおそれがある。今後の戦略を政治的にしっかりと描いていかないと、ますます摩擦が過熱しかねない。

例えば、生物多様性については、２００２年の生物多様性条約第６回締約国会議（ＣＯＰ６）で、地球上のすべての生命と貧困緩和のために、２０１０年に向けて現在の生物多様性の悪化のスピードにブレーキをかけていくことが目標として掲げられた。ところが、２０１０年５月に公表された「地球規模生物多様性概況第３版（ＧＢＯ３）」によって、その２０１０年目標は達成できないことが明確となった。保護区域や政府開発援助の増額など、ごく一部の指数に改善傾向が見られたものの、絶滅危惧種や生息地の健全性などを示すほとんどの指数は、むしろ悪化傾向を示している。結果として、生物多様性の保全や持続可能な利用についての活動とその負担は、将来世代に先送りされたとの解釈もできる。

将来世代は、単純に保全や回復をしていくための活動のコストを負担しなければならないということに加えて、生物多様性が失われてしまうことで、保全していれば存在した微生物などを資源として使えなくなり、選択肢が狭まってしまうという不利益も被ることになる。『環境経済学入門』という本では、そうした状況を生んでいる背景の一つとして、利子率（あるいは割引率）という考え方を示し、あるプロジェクトによって50年後、１００年後にもたらされると推定される受益は、額が大きくとも不確実であることと、その間の利子分を割り引くと価値が減ずることから、少ない額であっても今日、明日の短期的な利益が好まれ、枯渇が懸念される資源の利用度も高まり、それによって将来世代は不利になっていると指摘している。

２０１０年10月に愛知県で開催された生物多様性条約第10回締約国会議（ＣＯＰ10）では、２０２０年に向けた新たな目標について、「愛知目標」という形で合意ができた。それにより、今後は生物多様性の保全と持続可能な利用を目指して掲げられた20項目の目標について、個別に進捗状況を図りながら、具体的な成果を達成していくことが期待されている。２０２０年もさらに将来世代に負担を先送りすることがないよう、今度こそ必ず達成させる決意とそのための活動が重要となろう。

ただ、自分たちだって次世代のことを考えていると感情的に反発したくなる年配者や親の世代もいるだろう。あるいは、子どもには値の張る有機栽培の野菜やバナナを与えながら、自分たちは普通のものを食べているという子育て世代もいよう。確かに、現世代と将来世代、あるいは年配者と若者といった世代間の対立をいたずらに煽ることはあまり建設的とはいえない。しかし、それを踏まえた上で、問題に正面から取り組む姿勢が期待される。問題を先送りし続けてしまうと、個別の配慮や心情を超える形で、全体では劇的な環境の悪化など将来世代に優しくない結果を招いてしまうことに注意が必要だ。それを国内でも、国外でも調整や合意形成をしていく役割が政治に求められている。

参考文献
R・ケリー・ターナー、イアン・ベイトマン、デビット・ピアス（２００１）『環境経済学入門』大沼あゆみ訳　東洋経済新報社

2020年の自然風景

青写真、英語でブルー・プリントという言葉がある。青色の濃淡で写す複写技法を指す呼び名だが、古くから図面の複写に使われていたことから、設計図という意味でも使用されるようになり、転じて、これからの未来や将来を示す計画や目標を示す言葉ともなった。地球環境の青写真としては、科学者などがデータやシミュレーションから可能なシナリオを示し、それをもとに国や国連などが目標や計画を打ち出している。過去には、「西暦２０１０年の地球」などにおいて、食糧危機や森林の減少などやや暗いイメージの青写真が示されたこともあった。今現在、国連は２０１５年までに貧困、衛生などさまざまな分野で国際社会が達成すべき目標としてミレニアム開発目標を掲げ、世界各国がその青写真に沿って活動している。

では、生物多様性の青写真はどうなっているのか。急速に喪失されている生物多様性について、その保全に向けた各国の自主的な取り組みを促進するため、生物多様性条約では「２０１０年目標」を世界共通の目標として掲げてきた。そして、その名が示すとおり、その目標年にあたる２０１０年、奇しくも日本が開催国となった第10回締約国会議（ＣＯＰ10）で、「２０１０年目標」の検証と新た

な目標「ポスト2010年目標」の策定が行なわれた。

2010年目標とは、「貧困の緩和と地球上の全ての生命のために、2010年までに生物多様性の損失速度を顕著に減少させる」ことを謳い、2002年にオランダの締約国会議で採択された目標で、2004年には具体的な道筋を示す戦略行動計画も合意にいたった。

しかし、多大な時間と労力をかけて策定されたこの目標も、他の多くの国連の目標と同じく、達成されなかった。まず、2006年の締約国会議で公表された地球規模生物多様性概況の第2版（GBO2）が示した進捗度合いでは、15近くある指標の大多数が悪化傾向にあり、黄色信号がともった。そしてCOP10の5か月前、2010年5月に開催された科学者会議で、2010年目標は達成できなかったことが科学者から指摘され、早々に赤信号がともされた。達成されなかった2010年目標の反省を踏まえ、将来に向けて行動を起こしていくための指標は、時間を区切り、具体的で達成可能なものにするなどの教訓は得られたものの、我々の世代が「2010年までに」という締め切りをとうとう逃してしまうことは決定的となった。

それでも、各国が危機感を共有して次の目標設定にまい進したかというと、雲行きは怪しかった。いざ同年10月にCOP10が開幕すると、当初は「まず生物多様性保全を強化すべき」「なるべく高い目標の設定を」というEUなどの先進国グループと、「その前に、資金が確保されるべき」とする途上国グループの間で議論が対立し、目標の策定は難航した。2010年目標を達成できなかったことによる追試の設定であるのに、政治的な駆け引きが先んじてしまった。COP10最終盤になって、締約国会議と並行して開催された非公式閣僚会合でのインプットも踏まえ、野心的な目標としていくことの合意がなされ、どうにかポスト２０１０年目標として「愛知目標」が採択され、ＣＯＰ10は閉幕した。

愛知目標は、２０５０年までに「自然と共生する世界」の構築を目指した長期目標と、「２０２０年までに生態系サービスが弾力性を備え、継続的にそのサービスが提供されることを確保するため、生物多様性の損失を止める緊急かつ効果的な行動をとる」と明記された中期目標から成り、さらに目標を達成するための20の具体的な個別目標も定められた。

細かいようだが、20の項目をそれぞれ丁寧に読んでいくと、どのような「２０２０年の風景」を描いているのか、その青写真がうっすらと見えてくる。では、20項目ある個別目標とはどのようなものなのか概観してみよう。最初の数項目は、生物多様性について多くの人びとに知ってもらおうという普及啓発目標となっている。生物多様性の価値についての認識を社会に広く普及させることに加え、行政ならびに産業界などの計画に生物多様性に関わる要素がまだまだ反映されていないことを認識してもらうことに主眼がある。

それに続いて、保全に関わるさまざまな目標が入っている。目標４では、持続可能性に向けて生産だけでなく消費という側面からも取り組む姿勢を打ち出している。目標５は、「森林を含む自然生息地の損失の速度が少なくとも半減、また可能な場合にはゼロに近づき、また、それらの生息地の劣化と分断が顕著に減少する」というものであるが、そこに落ち着くまでには、わざわざ「森林を含む」という文言を入れるかどうかについて意見が対立し、各国で交渉した経緯がある。最終日にいたっても「削除せよ」という声が出て、会議でもめる場面もあった。また、保護地域についても最後まで調整が続き、結局、「少なくとも陸域・内陸水域の17％、沿岸域・海域の10％を保護地域等により保全していくこと」（目標11）ということで合意された。文字で示される目標の裏側には、一つひとつの項目にそんな駆け引きのドラマがあるのだ。

さらに、目標16の「名古屋議定書が国内法制度に従って施行され、運用されること」、最後の目標20の「２０２０年までに生物多様性保全のための資金が顕著に増加」など、保全や国際協力のためのお金の動きや実質的運用面についての項目も目標として掲げられた。

こうした20項目の個別目標は、生物多様性についての２０２０年に向けた青写真ということになる。自然や社会には思わぬところで大きな変化や不測の事態が起きる不確実性がついてまわることから、「２０２０年の自然」を予想することは難しい。それでも、世界の大半となる１９０以上の国々が、生物多様性条約の締約国として（ちなみに、米国は署名しているが、批准はしていない）、愛知目標に則って活動していこうとしているわけであるから、どのような絵が描かれているかということは、今後の生物多様性をはじめとした地球環境をめぐる動きに少なからぬ影響を及ぼすことは間違いないだろう。

愛知目標の長期目標が掲げているように、２０５０年頃までに生物多様性の損失が止まって、回復傾向になるには、その進捗状況を見ていくことが大事となりそうだ。国内の動きを見ると、２０１０年３月に閣議決定した生物多様性国家戦略を、愛知目標を反映させた形で改定する運びになっている。また、市町村のレベルでさまざまな立場からの参画を促し、地域における多様な主体の連携を後押しする「生物多様性保全のための活動促進法（里地里山法）」が国会で成立（12月）し、地域での保全活動の許認可の書類を一つの窓口で一括して対応するとか、専門家の紹介や補助金の情報などを提供できるようにするなど、構想が議論されている。農林水産、国土交通、環境の各省が連携することも謳われており、COP10直後のこうした動きが、今後、尻すぼみではなく活発化していくよう見守っていくことが必要であろう。

行政の動きに期待するだけでなく、企業にしても、事業と生態系とのつながりを数値や意識の上で「見える化」していくことが求められる。また、現在は学校に通っているユースや児童にしても、自分たち自身の将来の問題として捉え、大半が実社会で活動しているであろう2020年を、自分たちが生活する場としてイメージしていくことが期待される。

目標というのは、先にも述べたように、将来の青写真、すなわち将来あるべき姿を描いた大きな絵である。COP10で決まった目標を絵に描いた餅で終わらせないためにも、さまざまな立場の人間がさまざまな場面で活動を実施していくことが重要となる。

参考文献

SCBD (2006) Global Biodiversity Outlook 2 (GBO2) pp. 81 + vii, SCBD, Montreal.
（和訳は 環境省（2008）地球規模生物多様性概況第2版 香坂玲監修）
SCBD (2010) Global Biodiversity Outlook 3 (GBO3), pp. 94, SCBD, Montreal.
（和訳は 環境省（2011）地球規模生物多様性概況第3版 香坂玲監修）

Ⅳ　未来の風景に向かって

目標 12	2020 年までに、既知の絶滅危惧種の絶滅及び減少が防止され、また特に減少している種に対する保全状況の維持や改善が達成される。
目標 13	2020 年までに、社会経済的、文化的に貴重な種を含む作物、家畜及びその野生近縁種の遺伝子の多様性が維持され、その遺伝資源の流出を最小化し、遺伝子の多様性を保護するための戦略が策定され、実施される。
目標 14	2020 年までに、生態系が水に関連するものを含む基本的なサービスを提供し、人の健康、生活、福利に貢献し、回復及び保全され、その際には女性、先住民、地域社会、貧困層及び弱者のニーズが考慮される。
目標 15	2020 年までに、劣化した生態系の少なくとも 15%以上の回復を含む生態系の保全と回復を通じ、生態系の回復力及び二酸化炭素の貯蔵に対する生物多様性の貢献が強化され、それが気候変動の緩和と適応及び砂漠化対処に貢献する。
目標 16	2015 年までに、遺伝資源へのアクセスとその利用から生ずる利益の公正かつ衡平な配分に関する名古屋議定書が、国内法制度に従って施行され、運用される。
目標 17	2020 年までに、各締約国が、効果的で、参加型の改訂生物多様性国家戦略及び行動計画を策定し、政策手段として採用し、実施している。
目標 18	2020 年までに、生物多様性とその慣習的な持続可能な利用に関連して、先住民と地域社会の伝統的知識、工夫、慣行が、国内法と関連する国際的義務に従って尊重され、生物多様性条約とその作業計画及び横断的事項の実施において、先住民と地域社会の完全かつ効果的な参加のもとに、あらゆるレベルで、完全に認識され、主流化される。
目標 19	2020 年までに、生物多様性、その価値や機能、その現状や傾向、その損失の結果に関連する知識、科学的基礎及び技術が改善され、広く共有され、適用される。
目標 20	少なくとも 2020 年までに、2011 年から 2020 年までの戦略計画の効果的実施のための、全ての資金源からの、また資金動員戦略における統合、合意されたプロセスにもとづく資金資源動員が、現在のレベルから顕著に増加すべきである。この目標は、締約国により策定、報告される資源のニーズアセスメントによって変更される必要がある。

ポスト 2010 年目標（「愛知目標」）の概要

2010 年までに生態系サービスが弾力性を備え、継続的にそのサービスが提供されることを確保するため、生物多様性の損失を止める (to halt) 緊急かつ効果的な行動をとる

目標 1	遅くとも 2020 年までに、生物多様性の価値と、それを保全し持続可能に利用するために可能な行動を、人びとが認識する。
目標 2	遅くとも 2020 年までに、生物多様性の価値が、国と地方の開発・貧困解消のための戦略及び計画プロセスに統合され、適切な場合には国家勘定、また報告制度に組み込まれている。
目標 3	遅くとも 2020 年までに、国内の社会経済状況を考慮に入れて、生物多様性に有害な補助金を含む奨励措置が廃止され、段階的に廃止され、又は負の影響を最小化又は回避するために改革され、また、条約と関連する国際的な義務に整合する形で生物多様性の保全及び持続可能な利用のための正の奨励措置が策定され、適用される。
目標 4	遅くとも 2020 年までに、政府、ビジネス及びあらゆるレベルの関係者が、持続可能な生産及び消費のための計画を達成するための行動を行い、又はそのための計画を実施しており、また自然資源の利用の影響を生態学的限界の十分安全な範囲内に抑える。
目標 5	2020 年までに、森林を含む自然生息地の損失の速度が少なくとも半減、また可能な場合にはゼロに近づき、また、それらの生息地の劣化と分断が顕著に減少する。
目標 6	2020 年までに、すべての魚類、無脊椎動物の資源と水性植物が持続的かつ法律に沿って管理、収穫され、生態系を基盤とするアプローチを適用し、それによって過剰漁獲を避け、絶滅危惧種や脆弱な生態系に対する漁業の影響が、生態学的限界の安全な範囲内に抑えられる。
目標 7	2020 年までに、農業、養殖業、林業が行なわれる地域が、生物多様性の保全を確保するよう持続的に管理される。
目標 8	2020 年までに、過剰栄養などによる汚染が、生態系機能と生物多様性に有害とならない水準まで抑えられる。
目標 9	2020 年までに、侵略的外来種とその定着経路が特定され、優先順位をつけられ、優先度の高い種が制御され又は根絶される、また、侵略的外来種の導入と定着経路を管理するための対策が講じられる。
目標 10	2015 年までに、気候変動又は海洋酸性化により影響を受けるサンゴ礁その他の脆弱な生態系について、その生態系を悪化させる複合的な人為的圧力を最小化し、その健全性と機能を維持する。
目標 11	2020 年までに、少なくとも陸域及び内陸水域の 17%、また沿岸域・海域の 10%、特に、生物多様性と生態系サービスに特別に重要な地域が、効果的、衡平に管理され、かつ生態学的に代表的なよく連結された保護地域システムやその他の効果的な地域をベースとする手段を通じて保全され、また、より広域の陸上景観又は海洋景観に統合される。

おわりに

環境保護のためのキャンペーン、国同士の争い、企業の広報……。主張を訴え、伝えようとする場面では、たいてい絵や写真が顔を出す。ベロニカ像などのように宗教や歴史に由来する隠れたメッセージを含んでいるものもあれば、「手のひらのなかの小さな苗木」といった構図のように、定期預金の広告から絵ハガキまで、節操なくとはいわないまでも、どこにでも顔を出すものもある。そうしたさまざまな種類の身の周りに溢れる写真や絵を、ただ眺めるだけでなく、ちょっと注意深く観察してみると、意外な発見があるものだ。トランプの神経衰弱ゲームのように、あの広告で見たのと同じ構図がこちらでも使われているといった組み合わせが見つかることもある。あるいは、風景や作品の由来とか意図をあれこれと自分なりに探ってみると、今まで見えなかったものが見えてくることもあるだろう。

かくいう私自身も、そもそもは、かなり偶発的なきっかけで、環境保全やその運動、そしてそこで使われるイメージに関心を持つようになった。２０００年の秋、留学したフライブルク大学で、環境森林学部の博士課程に入って半年も経とうとしているのに、いまだテーマも決まらずにやきもきしていたところ、教授から提案があった。「日本人の君がドイツ語のインタビューにもとづく研究をしても、評価の点で不利だろうし、ドイツには解釈学（ヘルメノイティク）という伝統があるから、写真を使ったものにしてはどうか」と。語学にそこそこの自信があった自分としては、ちょっと内心忸怩たるものもあったが、はじめて耳にする解釈学という学問領域への興味も手伝って、教授の提案に従うこととした。最終的には、景観の写真を使ったグループインタビューにもとづく研究に落ち着き、生物多様性や自然に近い森林などを題材にした写真を扱うこととなった。今にしてみると、現在の研究や仕事につながる幸いな顛末であった。

しかし、実際にとりかかってみると、写真や図像を見て、背後にある意味や物語までも共有するというのは、当たり前のように思えるが、実はそうではないことを思い知らされた。言葉でも使われる場面によってニュアンスや意味合いに違いが出ることはあるが、写真や図にしても、文脈や場面という枠を外されてしまうと、その意味合いを読み取り、共有することが当たり前ではなくなる。特に、学術的な分野で、客観性や普遍性という厄介なものを横目に見ながら、視覚的な題材を取り扱うのは難しい。大学で聞いた「数字こそが神の言葉」という驚きの発言、経済学でいわれる「1対1の大きさの地図は役立たない」という文言などから推しても、数字や図像なども、最終的には抽象化されたものにいたるべし、という雰囲気は強い。しかし、客観的で普遍的な抽象化というのは、実に難しい。

加えて、写真や図像を扱いにくくする現実的な要因もあった。文字以外に図表や写真の類があると、そもそも出版するのに余分な手間とコストがかかる。ましてや、パソコンから印刷する技術が今ほど発達していなかった時代では、大きなコスト増となった（昔であれば、本書でもここまでふんだんに図表を使えたか疑問だ）。そんな現実的で、極めて単純な理由からも、写真などの視覚的な題材の議論は、比較的最近まで敬遠されていた。

ただ、本や研究で扱いづらいからといってその影響力を無視することはできない。視覚に訴える映像や写真などは、社会や国際的な世論を動かすうえで効果的であり、問題の枠組み、彩り、雰囲気を大きく左右することは論を待たない。紛争や戦争の悲惨さを伝え、事故や災害の惨状を訴えるのに、大きな存在感を示してきた。

２００１年の９月11日の同時多発テロでも、ニューヨークの世界貿易センターに旅客機が突入し、ビルが崩れ落ちる写真は、多くの人びとが共有している絵であろう（解釈やその後の政策についての意見は異なるにしても）。その後、アフガニスタン戦争にいたるまでの経緯では、タリバンが破壊した仏像の映像が繰り返し報道され、非道なタリバンの姿がアピールされた。この二つの事例は、インターネットの普及でテレビや新聞の影響力が相対的に低下しているといわれる今でも、ある種の映像やイメージが媒体を通じて集中的に繰り返し伝播され、それを日常生活のなかで多くの人びとが共有していくことがほぼ確実に行なわれていることを示している。

環境運動でも、重要な役割を果たしてきたイメージがいくつかある。その一つ「青い地球」という絵のオリジナルとなるアポロ17号から撮影された「ザ・ブルー・マーブル」と名づけられた写真は、本文でも触れたが、１９７０年代の冷戦下における米ソの覇権争いと宇宙開発競争の末に出てきたもので、当初は決して環境を念頭において撮影されたものではなかった。むしろ、旧ソ連にリードされていた当時の状況に危機感をいだいた米国側の巻き返しであり、「我々の陣営こそが人類をリードし幸福にする」という競争から生まれたものだった。しかし皮肉にも、漆黒の宇宙にぽつりと浮かぶ地球が映し出された結果、「資本主義対社会主義」という旗の色の争いが小さく見え、物理的に一つであるはずの地球のなかでの人類がまったく一つになれないもどかしさを多くの市民にいだかせた。そこから、「青い地球」のイメージは、「かけがえのない地球」「地球の環境を大切にしよう」というメッセージを込めて、環境運動で盛んに使われるようになっていった。第一次湾岸戦争でクローズアップされた「油まみれの海鳥」という絵も、その後の中東地域での紛争やオイルタンカーの事故という環境の側面でも定番となりつつある。

ＮＧＯの活動においても、写真やイメージは欠かせない要素である。そもそも、ＮＧＯという組織が環境を含めて政治の世界で影響力を持つようになったのは、反原発を訴える人間の鎖、会議場や工場への侵入、海上でのデモの姿が報道され、その分かりやすい絵が喝采を受けて共感を集めてきたということがある。その一方で、違法行為も辞さない絵になる活動を通じて、常に報道で注目され、資金や関心を集めること自体が自己目的化しつつあるという危うさも内包してきた。そうしたことから賛否あるＮＧＯだが、原子力や環境の分野で、現状に警鐘を鳴らし、世論や議論を深めてきたことは確かだ。

日本では、そうした戦略的で組織化されたＮＧＯの活動は欧米ほどには活発ではないが、１９９５年の阪神淡路大震災の後、被災地の支援に向けて、趣味や特定された政治運動ではなく、自主的な市民の大きなうねりが起き、ＮＧＯとは違う形での草の根での支援の輪が広がった。この１９９５年は「ボランティア元年」と位置づけられている。

さて、本書の最後の仕上げにかかっていた２０１１年3月11日、東日本大震災が勃発し、「未曾有」という言葉が盛んに使われるまでに深く大きな爪痕を残した。「ボランティア元年」から16年経ち、かつての震災の経験も活かしながら、専門分野のいかん、あるいは有無にかかわらず、国内外から多くの人びとが支援の輪に加わっている。また、大きな悲劇のなかで、日本の市民は規律正しさ、がまん強さ、底力ともいえる強さを見せており、海外のメディアも、多くの市民が秩序だって行動し、略奪や混乱が起こらなかったことを称賛をもって報じている。

一方で、原子力発電の事故については、日本が世界に対して背負っていかなければならない決定的な絵となったといえる。破壊された原子力発電所の写真はもとより、放射性物質に関する記事を、日本だけではなく海外のメディアも大々的に報じており、今後の動向に世界各国が注目している。

そうしたことから、一つ危惧されることがある。落ち着きを取り戻した時に「海外では感情的な反応が多く、日本の技術の高さが理解されなくなった」などと関係者が嘆きはじめることだ。それを回避するためには、「海外の報道は感情的だ」と決めつけるのではなく、各国の報道がどのようなものであったか、どのような映像や写真を使って、どのような論理で、どのような道筋を描いているかを研究する必要があろう。また、現況報告や専門家による解説だけでなく、日本が今後にどのような政策や展望を描こうとしているのかを、イメージや図も効果的に使いつつ、筋道だったストーリーとして示していくことも必要であろう。

私たちにしても、政府や専門家任せにするのではなく、災害も含めて自然とどう向き合い、どのようにつき合っていくかを一人ひとりが真剣に考える必要があるだろう。ただ、その際に忘れてはならないのは、自然については分からないことが多いということだ。本書のテーマの一つとなる地球の生きものにしても、私たちは盛んに利用していながらも、微生物をはじめとして知らないこと、分からないことだらけである。今回の大災害の報道では、「想定外」という言葉が繰り返された。もちろん、何かを決めていく際には想定することは必要であるが、知らないことが多い自然相手の場合、想定は簡単に崩される危険をはらんでいることを忘れてはならない。

環境を守るにせよ、エネルギーの在り方にせよ、一見「分かりやすい絵」が報道や社会には溢れている。ただ、絵に込めた主張の背後には、さまざまな利害や思惑、あるいは歴史が見え隠れしている。本書では森や生きものという絵を通じて、背景を見ながら旅をしてきた。愛知目標が掲げるように、自然と共生する世界の構築を目指して、各人各様の旅が続くことを願う。

本書の作成にあたっては、数多くの方々に写真や図表での協力をいただいている。また宣伝会議や森林文化協会などには加筆した原稿の転載などを認めていただいた。さらに題材は、国連からドイツの大学、非政府組織、企業などを縦断したものを扱っただけに、電話で質問に答えてくださった方々、資料を提供いただいた方々、現場を案内いただいた方々など、協力いただいた方の数は膨大になる。特に本の性質上、どうしても図や写真が増えてしまったが、清水弘文堂書房のスタッフに多大なご尽力いただき、発行元のアサヒビール株式会社にもご理解とご協力をいただいた。また、原稿の編集では、深澤雅子さんに校正や助言をいただいた。すべての方々のお名前を挙げることはできないが、この場を借りて御礼申し上げる。最後に、休日の執筆と校正を見守り、支えてくれた家族と多くの友人の支援に感謝いたします。

アサヒビール発行・清水弘文堂書房編集発売

ASAHI ECO BOOKS 最新刊一覧（2007年7月〜2011年5月現在）

No.21 田園有情
写真・文 あん・まくどなるど 監修 松山町酒米研究会 1990円（税込）

No.22 古代文明の遺産
高山智博 著 1500円（税込）

No.23 地球リポート
Think the Earth プロジェクト 編 1780円（税込）

No.24 大学発地域再生 カキネを越えたサステイナビリティの実践
上野 武 著 1500円（税込）

No.25 再生する国立公園 日本の自然と風景を守り、支える人たち
瀬田信哉 著 2200円（税込）
日本図書館協会選定図書（第2680回 平成21年4月1日選定）

No.26 地球変動研究の最前線を訪ねる人間と大気・生物・水・土壌の環境
小川利紘／及川武久／陽 捷行 共編著　３１５０円（税込）
日本図書館協会選定図書（第２７１９回 平成22年3月3日選定）

No.27 気候変動列島ウォッチ
(財)地球・人間環境フォーラム編　あん・まくどなるど 著　１５７５円（税込）

No.28 においとかおりと環境　嗅覚とにおい問題
岩崎好陽 著　１６８０円（税込）

No.29 樹寄せ72種＋3人とのエコ・トーク
栗田 亘 著　１８９０円（税込）

No.30 マンガがひもとく未来と環境
石毛 弓 著　１６８０円（税込）

※各書籍の詳細は清水弘文堂書房公式サイトにてご確認ください
http://www.shimizukobundo.com/asahi-eco-books/

清水弘文堂書房の本の注文方法

■電話注文03－3770－1922／046－804－2516■FAX注文046－875－8401■Eメール注文mail@shimizukobundo.com（いずれも送料300円注文主負担）■電話・FAX・Eメール以外で清水弘文堂書房の本をご注文いただく場合には、もよりの本屋さんにご注文いただくか、本の定価（消費税込み）に送料300円を足した金額を郵便為替（為替口座00260－3－59939　清水弘文堂書房）でお振り込みくだされば、確認後、一週間以内に郵送にてお送りいたします（郵便為替でご注文いただく場合には、振り込み用紙に本の題名必記）。

森林カメラ　美しい森といのちの物語
ASAHI ECO BOOKS 31

発　行　二〇一一年五月二八日
著　者　香坂　玲

発行者　泉谷直木
発行所　アサヒビール株式会社
住　所　東京都墨田区吾妻橋一－二三－一
電話番号　〇三－五六〇八－五一一一

編集発売　株式会社清水弘文堂書房
発売者　礒貝日月
住　所　《プチ・サロン》東京都目黒区大橋一－三－七－二〇七
電話番号　《受注専用》〇三－三七七〇－一九二二
Eメール　mail@shimizukobundo.com
HP　http://shimizukobundo.com/
編集室　清水弘文堂書房葉山編集室
住　所　神奈川県三浦郡葉山町堀内三一八
電話番号　〇四六－八〇四－二五一六
FAX　〇四六－八七五－八四〇一

印刷所　モリモト印刷株式会社

 ISBN978-4-87950-602-3 C0040